职业教育机电专业
微课版创新教材

车工工艺
与技能训练 第2版

汤国泰 / 主编
王尧林 王梁华 / 副主编

人民邮电出版社
北京

图书在版编目（CIP）数据

车工工艺与技能训练 / 汤国泰主编. -- 2版. -- 北京 : 人民邮电出版社, 2017.2（2023.1重印）
职业教育机电专业微课版创新教材
ISBN 978-7-115-43873-7

Ⅰ. ①车… Ⅱ. ①汤… Ⅲ. ①车削－高等职业教育－教材 Ⅳ. ①TG510.6

中国版本图书馆CIP数据核字(2016)第253858号

内 容 提 要

本书根据国家职业技能鉴定规范的要求，采用"理实一体化"的形式，介绍了车削加工的工艺知识和操作技能。

全书共 7 个模块，主要内容包括：车削加工基础、圆柱面的车削、内外圆锥面的车削、表面修饰和成形面的车削、螺纹的车削、复杂零件的车削和典型零件车削综合训练。

本书可作为技工学校、技师学院和职业院校机械类专业课教材，也可供相关从业人员参考。

◆ 主　编　汤国泰

副 主 编　王尧林　王梁华

责任编辑　刘盛平

执行编辑　王丽美

责任印制　焦志炜

◆ 人民邮电出版社出版发行　北京市丰台区成寿寺路 11 号
邮编 100164　电子邮件 315@ptpress.com.cn
网址 https://www.ptpress.com.cn

涿州市京南印刷厂印刷

◆ 开本：787×1092　1/16

印张：12.5　　　　　　　2017 年 2 月第 2 版

字数：318 千字　　　　　2023 年 1 月河北第 9 次印刷

定价：32.00 元

读者服务热线：(010)81055256　印装质量热线：(010)81055316
反盗版热线：(010)81055315

"车工工艺与技能训练"是职业院校机械类专业的一门重要课程。随着我国机械制造技术的迅猛发展以及职业教育教学改革的不断深入,"车工工艺与技能训练"的教学内容和教学模式也将随之更新,而这种变化和更新对相关教材的建设也提出了新的要求。

作者于2009年编写的《车工工艺与技能训练》一书自出版以来,受到了广大职业院校的欢迎。为更好地满足广大职业院校学生对普通车工专业技能知识的学习需要,作者结合近几年来的教学改革实践和广大读者的反馈意见,在原书编写特色的基础上,对教材中的部分内容进行了局部的修订,本次修订的主要内容如下。

(1)对本书第一版中的部分技能项目存在的一些问题进行校正和修改。

(2)对本书第一版中的相关职业标准与相应标识进行了更新和修改。

(3)为使读者更清晰地了解相关技能的技术技巧,书中以二维码的形式增加了相应视频、动画的网络链接,可通过手机等移动终端设备扫描观看,方便读者更好地预习与自学。

在本书的修订过程中,作者始终坚持以来源于企业的典型零件为载体,采用项目教学的方式组织内容。修订后的教材,内容比以前更具针对性和实用性,内容的叙述更加准确、通俗易懂和简明扼要,这样更有利于教师的教学和读者的自学。

本书的参考教学课时为510课时,各模块教学课时分配见下表。其中技能训练课时可根据学校的实际情况进行调整。

模 块	课 程 内 容	课 时 分 配	
		讲 授	技 能 训 练
模块一	车削加工基础	20	60
模块二	圆柱面的车削	30	80
模块三	内外圆锥面的车削	15	45
模块四	表面修饰和成形面的车削	5	20
模块五	螺纹的车削	20	70
模块六	复杂零件的车削	10	35
模块七	典型零件车削综合训练	16	84
	课时总计	116	394

　　本书由杭州萧山技师学院汤国泰任主编，杭州萧山技师学院王尧林、王梁华任副主编。杭州萧山技师学院高永伟、杭州市萧山区第一中等职业学院姚燕红、浙江机电职业技术学院陈建军、许昌职业技术学院张保生也参与了本书的编写。在本书编写过程中得到了杭州萧山技师学院许红平院长的指导，在此表示感谢。

　　由于编者水平有限，书中难免存在不足之处，恳请广大读者批评指正。

编　者

2016 年 8 月

目录 CONTENTS

1 车削加工基础

1. 理解安全文明生产的重要性
2. 掌握车削加工的基本知识，学会对机床及其辅具进行保养
3. 掌握正确的操作姿势
4. 了解常用量具的结构，掌握其使用与维护方法

　　自 1797 年英国的莫兹利发明了带有丝杠、光杠、刀架和导轨，可以车削不同表面和不同螺距的车床以来，车床就具备了结构完整、刚性良好、转速和进给速度大的特点。由于大多数机械零件都具有适合车削加工的回转表面和端面，而车削加工的功能不断地增加，使用的刀具更为简单，因此车削成为机械制造业中使用最广泛的加工方法之一，典型的车削加工如图 1.1 所示。随着生产的发展，高效率、高精度、自动化的车床不断涌现，为车削加工提供了更广阔的前景。在车床种类和刀具材料迅猛发展的今天，普通车床因其加工范围广、适应性强仍被广泛使用。因此说普通车床是一种永不被淘汰的机床，普通车削是机械加工行业从业者应努力学习和掌握的一项专门技术。

图 1.1　典型的车削加工

课题一 认识安全文明生产

车削加工是机械制造中使用最普遍、最广泛的一种冷加工设备。不仅加工范围广，而且对操作人员的操作技术又有很高的要求，加上使用的工具、夹具、刀具繁多，所以车削加工的安全生产问题，就显得特别重要。

技能目标

1. 掌握安全生产知识，养成文明生产的习惯
2. 掌握车床的安全操作规程
3. 掌握砂轮机的正确使用方法
4. 熟知车削加工常见的安全注意事项

一、基础知识

（一）文明生产和安全操作技术

文明生产是现代企业管理的一项十分重要的内容，它直接影响产品质量的好坏，影响设备和工、夹、量具的使用寿命，影响操作者技能的发挥。因此从一开始学习基本操作技能时，就要养成安全文明生产的良好习惯。

1. 安全操作基本注意事项

（1）操作前穿戴好工作服，袖口扣紧，上衣下摆不能敞开，严禁戴手套，不得在开动的机床旁穿、脱衣服或围布于身上。必须戴好安全帽，辫子应放入帽内，不得穿裙子、拖鞋。要戴好防护镜，以防铁屑飞溅伤眼。

（2）车床开动前，必须按照安全操作的要求，正确穿戴好劳动保护用品，必须认真仔细检查机床各部件和防护装置是否完好、安全可靠，加油润滑机床，并做低速空载运行 2～3min，检查机床运转是否正常。

2. 工作前的准备工作

（1）机床开始工作前要有预热，认真检查润滑系统工作是否正常（润滑油是否充足，冷却液是否充足），如机床长时间未开动，应先采用手动方式向各部分供油润滑。

（2）使用的刀具应与机床允许的规格相符，有严重破损的刀具要及时更换。

（3）调整刀具时所用的工具不要遗忘在机床内。

（4）检查大尺寸轴类零件的中心孔是否合适，中心孔如果太小，则工作中易发生危险。

（5）检查卡盘夹紧工作的状态。

（6）装卸卡盘和重工件时，导轨上面要垫好木板或胶皮。

3. 工作过程中的安全注意事项

（1）机床运转时，严禁戴手套操作，严禁用手触摸机床的旋转部分，严禁在牛床运转中隔着车床传送物件。装卸工件、安装刀具、加油以及打扫切屑，均应停车进行。清除铁屑应用刷子或钩子，禁止用手清理。

（2）机床运转时，不准测量工件，不准用手去刹转动的卡盘。使用砂布时，应放在锉刀上。磨破的砂布不准使用，不准使用无柄锉刀。不得用正反车电闸作刹车，应将手柄置于中间位置实现刹车。

（3）切削用量的选择应符合机床的技术要求，以免机床过载造成意外事故。

（4）加工切削过程中，停车时应将刀退出。车削长轴类零件时必须使用中心架，防止工件弯曲变形伤人。伸入床头的棒料长度不应超过床头立轴之外，并应慢车加工，伸出时应注意防护。

（5）高速切削时，应有防护罩，工件、工具的固定要牢固。当铁屑飞溅严重时，应在机床周围安装挡板使之与操作区隔离。

（6）机床运转时，操作者不能离开机床，发现机床运转不正常时，应立即停车，请维修工检查修理。突然停电时，要立即关闭机床电闸，并将刀具退出工作部位。

（7）工作时必须侧身站在操作位置，禁止身体正面对着转动的工件。

（8）车床运转不正常、有异声或异常现象，轴承温度过高，要立即停车，报告指导老师。

4．工作完成后的注意事项

（1）清除切屑、擦拭机床，使机床与环境保持清洁状态。

（2）检查润滑油、冷却液的状态，及时添加或更换。

（3）依次关掉机床的电源和总电源。

（4）打扫现场卫生，填写设备使用记录。

（二）砂轮与砂轮机

1．分清常用砂轮的种类

常见砂轮有白色氧化铝（主要用于高速钢和碳素工具钢刀具的刃磨）和绿色碳化硅砂轮（主要用于硬质合金车刀的刃磨）。分清常用砂轮的粗细：砂轮以磨料颗粒（微粉）尺寸大小粒度号表示，详见国家磨料标准（GB/T 2479—2008、GB/T 2480—2008）规定。数字越大表示砂轮磨粒越细，反之越粗。一般常见的有 36 号、60 号、80 号、120 号等级别。

砂轮的硬度是指结合剂黏接磨料颗粒的牢固程度，它表示砂轮在外力（磨削抗力）的作用下磨料颗粒从砂轮表面脱落的难易程度。软砂轮磨粒容易脱落，硬度低；硬砂轮磨粒不容易脱落，硬度高。

通常，磨削硬度高的材料选用软砂轮，以保证磨钝的磨粒能及时脱落；磨削硬度低的材料选用硬砂轮，以充分发挥磨粒的切削作用。砂轮硬度和磨粒硬度是两个不同的概念，不能混淆。

2．砂轮机的结构（见图1.2）

砂轮机是车工工作场地的常用设备，主要用来刃磨车刀、钻头等刃具或其他工具，也可用来磨去工件或材料的毛刺、锐边等。砂轮机也是较容易发生安全事故的设备，其质脆易碎、转速高、使用频繁、极易伤人。砂轮机的安装位置是否合理，是否符合安全要求；它的使用方法是否正确，是否符合安全操作规程，这些问题都直接关系到每一位操作工人的人身安全。因此，使用砂轮机要严格按照操作规程进行工作，以防出现安全事故。

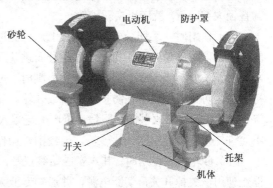

图1.2　砂轮机构造

砂轮机主要由砂轮、电动机、防护罩和机体组成，如图 1.2 所示。按外形不同可分为台式砂轮机和立式砂轮机两种，按功能不同又可分为带吸尘器和不带吸尘器两种，如图 1.3 所示。

（a）台式

（b）立式

（c）带吸尘器式

图 1.3　砂轮机

（三）砂轮机的安全操作规程

在使用砂轮机时，必须正确操作，严格按照安全操作规程进行，以防出现砂轮碎裂等安全事故。

（1）使用砂轮机时，开动前应首先认真检查砂轮片与防护罩之间有无杂物。砂轮片是否有撞击痕迹或破损。确认无任何问题时再启动砂轮机，观察砂轮的旋转方向是否正确，砂轮的旋转是否平稳，有无异常现象。待砂轮正常运转后（一般空运转时间需 3 min 以上），再进行磨削。

（2）检查托刀架是否完好和牢固，与砂轮之间的间隙距离是否控制在 3mm 之内（见图 1.4），并小于被磨工件最小外形尺寸的 1/2。距离过大可能造成磨削件轧入砂轮与托刀架之间而发生事故。

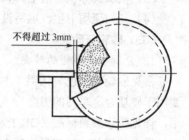

图 1.4　砂轮、托刀架距离

（3）磨削时，站立位置和姿势必须规范，操作者应站在砂轮机侧面或斜侧面位置，以防砂轮碎裂飞出伤人。严禁面对砂轮操作，避免在砂轮侧面进行刃磨。

（4）忌在砂轮机上磨铝、铜等有色金属和木料。当砂轮磨损超过极限时（砂轮外径大约比心轴直径大 50mm）就应更换新砂轮。

（5）使用时，手切忌碰到砂轮片上，以免伤手。不能将工件或刀具与砂轮猛撞或施加过大的压力，以防砂轮碎裂。如发现砂轮表面跳动严重时，应及时用砂轮修整器进行修整。

（6）长度小于 50mm 的较小工件磨削时，应用手虎钳或其他工具牢固夹住，不得用手直接握持工件，防止工件脱落在防护罩内卡破砂轮。

（7）操作时必须戴防护眼镜，防止火花溅入眼睛。不允许戴手套操作，以免被卷入发生危险。不允许二人同时使用同一片砂轮，严禁围堆操作。

（8）砂轮机在使用时，其声音应始终正常，如发生尖叫声、"嗡嗡"声或其他噪声时，应立即停止使用，关掉开关，切断电源，并通知专业人员检查修理后，方可继续使用。

（9）合理选择砂轮。刃磨工具钢刀具和清理工件毛刺时，应使用白色氧化铝砂轮；刃磨硬质合金刀具则应使用绿色碳化硅砂轮。磨削淬火钢时应及时蘸水冷却，防止烧焦退火；磨削硬质合金时不可蘸水冷却，防止硬质合金碎裂。

（10）使用完毕后，应立即切断电源，清理现场，养成良好的工作习惯。

（四）车削加工常见的安全注意事项

1．切屑的伤害及防护措施

车床上加工的各种钢料零件韧性较好，车削时所产生的切屑会产生塑性卷曲，边缘比较锋利。在高速切削钢件时会形成很长的切屑，极易伤人，同时经常会缠绕在工件、车刀及刀架上。因此在工作中应经常用铁钩及时清理切屑，必要时应停车清除，但绝对不许用手去清除。为防止切屑伤人，常采取断屑、控制切屑流向、加设各种防护挡板等措施。

2．工件的装夹

在车削加工的过程中，因工件装夹不当而发生损坏机床、折断或撞坏刀具以及工件掉下或飞出伤人的事故为数较多。所以，为确保车削加工的安全生产，装夹工件时必须格外注意。对大小、形状各异的零件要选用合适的夹具，三爪卡盘、四爪卡盘或专用夹具和主轴的连接必须稳固可靠。对工件要夹正、夹紧，保证工件高速旋转并切削受力时，不移位、不脱落和不甩出。必要时可用顶尖、中心架等辅助支撑来增强工件的稳固性。

3．安全操作

工作前要全面检查机床，确认各手柄是否位置准确。工件及刀具的装夹要保证其位置正确、牢固可靠。加工过程中，更换刀具、装卸工件及测量工件时，必须停车。工件在旋转时不得用手触摸或用棉丝擦拭。要选择适当的切削速度、进给量和切削深度，不许超负荷加工。床头、刀架及床面上不得放置工件、工量具及其他物品。使用锉刀（必须要有锉刀手柄）时要将溜板移到安全位置，右手在前，左手在后，防止衣袖卷入。机床要有专人负责使用和保养，其他人员不得动用。

二、课题实施

车工工作场地是车工生产或实习的场所（见图1.5），熟悉车工工作场地，了解场地内的主要设施、设备，了解车工安全文明生产基本要求，是每个学生"车工入门"学习的必修一课。

（一）参观现场

检查学生工作服穿戴后，参观车工生产或实习的场所及主要设施，如车床、砂轮机、钻床等（有条件可组织学生到机械类企业进行生产现场参观学习）。切断电源让学生试着手摇机床拖板。分配工作位置和学习小组。

（二）学习安全文明生产制度

逐条学习车工安全文明生产基本要求，对照场地、设备进行检查。按照安全文明生产的要求摆放工具、量具等物品并检查。

图1.5　职业学校普通车床实训车间

（三）擦拭机床及加注润滑油

擦净机床外表面，对机床的基本结构有一个初步的认识，为接下来的学习做好准备。按润滑图（请参照机床床头箱后面的润滑图）查找加油点并按规定加油。为保证机床正常工作和延长使用寿命，必须按机床润滑图所示各点经常地、及时地给以润滑。

机床润滑应用纯净的 N46 液压油（黏度为 41.4～50.6mm/s，40℃）为宜。床头箱、溜板箱使用的是飞溅润滑，加油时，以油面升至高于油标线约 5mm 为宜。进给箱用油池滴油润滑，其余各点用油杯注油润滑。

（四）砂轮机的调整与使用

当砂轮磨损到位或需要使用不同材质的砂轮时就要更换。砂轮质脆易碎、转速高、使用频繁、极易伤人。它的安装是否合理及符合安全要求，都直接关系到每位使用者的人身安全，因此必须严格按照要求仔细安装。

1. 砂轮的检查

砂轮在使用前必须目测检查或敲击检查有无破裂和损伤。

（1）目测检查。所有砂轮必须目测检查，其上如有破损不准使用。

（2）敲击检查。检查方法是将砂轮通过中心孔悬挂，用小木槌敲击，敲击点在砂轮任一侧面上，距砂轮外圆面20～50mm处。敲打后将砂轮旋转180°再重复进行一次。若砂轮无裂纹则发出清脆的声音，允许使用。如发出闷声或哑声，则为有裂纹者，不准使用。

2. 砂轮的安装

砂轮的结构如图1.6所示。

（1）安装砂轮前必须核对砂轮机主轴的转速，不准超过砂轮允许的最高工作速度。

（2）砂轮必须自由地装到砂轮主轴或砂轮卡盘上，并保持适当的间隙。

（3）为防止装砂轮的螺母在砂轮机启动和旋转过程中因惯性松脱，使砂轮飞出造成事故，砂轮机的主轴左右两端螺纹各有不同，在使用者右侧的为右旋螺纹，左侧的为左旋螺纹。更换砂轮时应注意螺母的旋转方向。

（4）砂轮与砂轮卡盘压紧面之间必须衬以如纸板、橡胶等柔性材料制成的软垫，厚度为1～2mm，直径比压紧面直径大2mm。

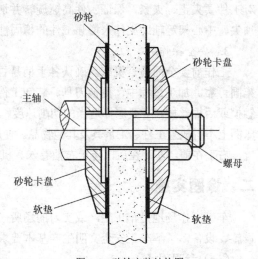

图1.6 砂轮安装结构图

（5）砂轮、砂轮主轴、衬垫和砂轮卡盘安装时，相互配合面和压紧面应保持清洁，无任何附着物。

（6）安装时应注意压紧螺母或螺钉的松紧程度，压紧到足以带动砂轮并且不产生滑动的程度为宜，防止压力过大造成砂轮的破损。有条件时应采用测力扳手。

（7）安装完毕应试转3min以上，运转正常且砂轮机震动、砂轮跳动和偏摇不大时方可使用。

3. 平面磨削练习

在砂轮上磨削一个端面，工件为15mm×15mm×120mm左右的废刀杆（材料Q235），选择白色氧化铝砂轮，检查砂轮安装情况和托架是否符合要求后进行试磨削。

要求：工件端面纹路整齐，整个面呈一次刃磨痕迹，无焦痕，与侧面有较好的垂直度，目测不大于0.5mm。

提示

在刃磨时，要掌握一个原则："握的紧，磨的轻"。首次接触砂轮要轻，当感觉整个面都接触后，才可以慢慢施加一定的压力。只有这样才能磨出纹路整齐的平面。注意及时蘸水，防止出现焦痕。

三、拓展训练

训练一　更换砂轮

操作前准备：认真观察砂轮机的结构，准备好合适的装配工具，切断电源。

【操作步骤】

（1）用螺丝刀拆下砂轮机外侧的防护罩。

（2）松开砂轮机托刀架后，一手握紧砂轮，另一手用扳手旋开主轴上的螺母，注意旋出方向要正确。

（3）拆下砂轮卡盘，取出旧砂轮。

（4）将合格的新砂轮换上，注意垫好软垫，装上砂轮卡盘。

（5）把砂轮和砂轮卡盘装在主轴上，拧上螺母，注意扳螺母时用力不可过大，防止压碎砂轮。

（6）用手转动砂轮，检查安装质量。

（7）安装和调节砂轮机的托刀板与砂轮的距离，装上防护罩，拧紧防护罩螺丝。

（8）接通电源，空运转试验 3min，确认没有问题后，修整砂轮。

 提示　用砂轮修整器或金刚石笔修正砂轮时，手拿稳，压力要轻。修至砂轮表面平整、无跳动即可。如果用金刚石笔修整，中途不可蘸水，以防止其遇冷碎裂。

训练二　普通车床的一级保养

在指导教师的示范指导下，按照《普通车床一级保养规范》，分小组合作完成对车床的一级保养。普通车床一级保养规范见表 1.1。

表 1.1　　　　　　　　　　　普通车床一级保养规范

序号	部 位	完成一级保养内容	符合一级保养规定
1	主轴变速箱	检查、调整离合器及刹车带	松紧合适
2	挂轮机构	（1）分解挂轮，清洗齿轮、轴、轴套 （2）调整丝杠、丝母及楔铁间隙	清洁，无毛刺 适宜
3	中拖板及小刀架	（1）分解、清洗中拖板及小刀架 （2）操纵手柄放置空位，各移动部件放置在合理位置 （3）切断电源	清洁 严格遵守 严格遵守
4	尾座	分解、清洗套筒、丝杠及丝母	清洁，无毛刺
5	润滑与冷却装置	（1）检查、清洗滤油器、分油器及加油点 （2）检查油量 （3）按润滑图表规定加注润滑油 （4）检查、调整油压 （5）清洗冷却系、冷却箱，必要时更换冷却液	清洁无污，油路畅通，无泄漏 不缺油 润滑良好 符合要求 清洁，无泄漏
6	整机及外观	（1）清洗防尘毛毡，清除导轨毛刺 （2）清理机床周围环境，全面擦洗机床表面及死角	清洁，表面光滑 漆见本色，铁见光

四、课题小结

在本课题中，主要学习了解安全文明生产的重要性，以及车削加工的安全操作规程，了解了砂轮机的结构；熟悉砂轮的检查和安装方法；掌握砂轮机的安全操作规程；能正确地在砂轮机上刃磨简单工件；为今后进行车刀刃磨，麻花钻的刃磨打下基础。

安全文明生产和掌握良好的文明生产习惯，是每个从业人员职业素质的要求。通过本课题的学习，使学生初步了解和感受车工的安全文明生产要求，学习掌握有关的规章制度和具体要求，独立对车床进行日常保养和操作常用的机床，与他人合作进行车床的一级保养，为接下来的学习打下良好的基础。

课题二 认识车床

车床是主要用车刀对旋转的工件进行车削加工的机床。在车床上还可用钻头、扩孔钻、铰刀、丝锥、板牙、滚花工具等进行相应的加工。车床主要用于加工轴、盘、套和其他具有回转表面的工件，是机械制造和修配工厂中使用最广的一类机床。

技能目标

1. 了解 CA6140 型车床的型号、规格、主要部件的名称和作用
2. 了解 CA6140 型车床各部件的传动系统
3. 熟练掌握床鞍（大拖板）、中滑板（中拖板）、小滑板（小拖板）的进退刀方向
4. 根据需要，按车床铭牌对各手柄位置进行调整
5. 了解三爪卡盘与四爪卡盘的结构原理，掌握三爪自定心卡盘的装拆与装卸的方法
6. 懂得车床维护、保养及文明生产和安全技术的知识

一、基础知识

（一）车床概述

车削加工是在车床上利用工件的旋转运动和刀具的移动来改变毛坯形状和尺寸，将其加工成所需零件的一种切削加工方法。其中，工件的旋转为主运动，刀具的移动为进给运动，如图 1.7 所示。

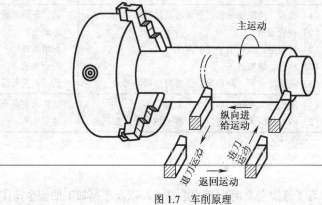

图 1.7 车削原理

普通车床通用性强，加工范围广，适用于加工各种轴类、套筒类和盘类零件上的回转表面，例如，车削内外圆柱面、圆锥面、环槽及成型回转表面，加工端面及加工各种常用的公制、英制、模数制和径节制螺纹，还能进行钻孔、铰孔、滚花等工作，加工的尺寸公差等级为 IT11～IT6，表面粗糙度 Ra 值为 12.5～0.8μm（见图 1.8）。

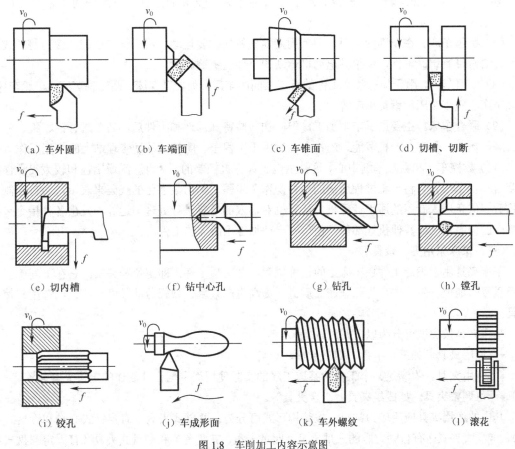

(a) 车外圆　　　　(b) 车端面　　　　(c) 车锥面　　　　(d) 切槽、切断

(e) 切内槽　　　　(f) 钻中心孔　　　　(g) 钻孔　　　　(h) 镗孔

(i) 铰孔　　　　(j) 车成形面　　　　(k) 车外螺纹　　　　(l) 滚花

图 1.8　车削加工内容示意图

（二）车床的分类

车床按用途和功能的不同可分为多种类型。

（1）普通车床。加工对象广，主轴转速和进给量的调整范围大，能加工工件的内外表面、端面和内外螺纹。这种车床主要由工人手工操作，生产效率低，适用于单件、小批生产和修配车间。

（2）转塔车床和回转车床。具有能装多把刀具的转塔刀架或回轮刀架，能在工件的一次装夹中由工人依次使用不同刀具完成多种工序，适用于成批生产。

（3）自动车床。能按一定程序自动完成中小型工件的多工序加工，能自动上下料，重复加工一批同样的工件，适用于大批、大量生产。

（4）多刀半自动车床。有单轴、多轴、卧式和立式之分。单轴卧式的布局形式与普通车床相似，但两组刀架分别装在主轴的前后或上下，用于加工盘、环和轴类工件，其生产率比普通车床高 3～5 倍。

（5）仿形车床。能仿照样板或样件的形状尺寸，自动完成工件的加工循环，适用于形状较复杂的工件的小批和成批生产，生产率比普通车床高 10～15 倍。有多刀架、多轴、卡盘式、立式等类型。

（6）立式车床。主轴垂直于水平面，工件装夹在水平的回转工作台上，刀架在横梁或立柱上移动。适用于加工较大、较重、难于在普通车床上安装的工件，一般分为单柱和双柱两大类。

（7）铲齿车床。在车削的同时，刀架周期地做径向往复运动，用于铲车铣刀、滚刀等的成形齿面。通常带有铲磨附件，由单独电动机驱动的小砂轮铲磨齿面。

（8）专门车床。用于加工某类工件的特定表面的车床，如曲轴车床、凸轮轴车床、车轮车床、车轴车床、轧辊车床和钢锭车床等。

（9）联合车床。主要用于车削加工，但附加一些特殊部件和附件后，还可进行镗、铣、钻、插、磨等加工，具有"一机多能"的特点，适用于工程车、船舶或移动修理站上的修配工作。

（10）数控车床和数控车削中心。这是由电子计算机控制的，具有广泛通用性和较大灵活性的高度自动化车床。它将加工过程所需的各种操作和步骤，都用数字化的代码来表示，通过控制介质将数字信息送入专用的通用计算机，计算机对输入的信息进行处理与运算，发出各种指令来控制车床的伺服系统或其他执行部件，使车床自动加工出所需的工件。

（三）车床常用夹、辅具

车床夹具用于确定工件在车床上的正确位置，并夹紧工件，即定位和夹紧。它在车削工艺中占很重要的地位。生产中，为保证产品质量、提高生产效率、减轻劳动强度，应正确选用和使用夹具。

车床夹具按类型可分为以下几种。

- 通用夹具。如三爪卡盘、四爪卡盘、花盘等。
- 专用夹具。为满足某个工件的某道工序的实际使用而专门设计制作的定位夹紧装置。
- 可调整夹具。如成组夹具、组合夹具等。

其中的通用夹具应用较为常见。按结构形式可分为：心轴式夹具（有定针式心轴和锥柄式心轴）、卡盘式夹具（有自动定心的三爪卡盘、四爪卡盘、花盘等）和圆盘式夹具（有固定圆盘式和可供分度的变位圆盘等）。

1. 三爪自定心卡盘

三爪自定心卡盘，用于多种金属机床上，能自定中心夹紧或撑紧圆形、三角形、六边形等各种形状的外表面或内表面的工件，进行各种机械加工，夹紧力可调，定心精度高，能满足普通精度机床的要求。三爪自定心卡盘的结构特点是产品设计、制造、验收的重要依据，同时也为主机配套提供参考。

三爪自定心卡盘有两种连接形式：短圆柱及短圆锥。前者通过过渡盘与机床主轴连接，以适应早些年我国机床主轴端部不统一状况。随着主轴端部标准 JB 2521—1979《法兰式车床主轴端部尺寸》及 GB/T 5900—2008《机床 主轴端部与卡盘连接尺寸》相继制订，按国标规定生产的短圆锥式卡盘不通过过渡盘直接与机床连接，使机床工具系统的刚性大大提高，从而提高了加工质量。

三爪卡盘的结构如图 1.9 所示。当扳手方榫插入小锥齿轮的方孔转动时，与其啮合的大锥齿轮随之转动，大锥齿轮背面是一平面螺纹，3 个卡爪背面的端面螺纹与其啮合。因此当平面螺纹转动时就带动卡爪同时做向心或离心移动，从而把工件夹紧或松开。由此可见三爪卡盘的 3 个爪是联动的且自动定心。

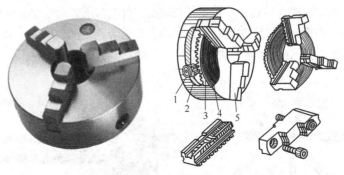

图 1.9　三爪卡盘

提示

（1）正爪夹持工件的直径不宜过大，卡爪伸出盘体不能超过卡爪长度的三分之一。否则，受力时容易使卡爪上的螺纹断裂，发生事故。

（2）装夹大直径工件或较大的带孔工件需车外圆时，应尽可能用反爪装夹，撑住工件内孔来车削。

（3）装夹精加工过的工件时，被夹表面应包铜皮保护，以免夹伤。

2. 四爪卡盘

四爪卡盘的外形结构如图 1.10 所示，它有 4 个对称分布的卡爪，每个卡爪均可独立移动。卡爪背面有一半圆柱内螺纹同丝杠结合，丝杠向外一端有一方孔用来安插扳手方榫用以转动丝杠带动跟它啮合的卡爪移动。可根据工件的大小、形状调节各卡爪的位置。工件的旋转中心通过分别调整 4 个卡爪来确定。

四爪卡盘适用于装夹截面为矩形、正方形、椭圆形或其他不规则形状的工件。并可装夹加工偏心轴和偏心孔。由于四爪卡盘的卡爪是单动的，所以夹紧力比三爪卡盘大。因此它也可用来装夹尺寸较大和表面很粗糙的工件。

3. 中心架、顶尖、拨盘、鸡心夹头、跟刀架

图 1.11 所示为中心架装夹示意图。

图 1.10　四爪卡盘

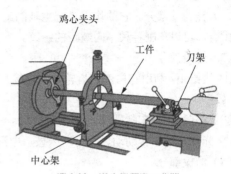

图 1.11　中心架装夹示意图

（1）拨盘。靠近床头装在主轴上，随主轴一同旋转。

（2）鸡心夹头。主要通过主轴头上安装的卡盘拨动鸡心夹转动，是主轴旋转带动长轴类工件一同旋转的连接附件。

（3）中心架。固定在床身导轨上用以支持长轴类工件的车削。有3个软金属爪。

（4）顶尖。装夹在主轴锥孔和尾座套筒内的附件。前者称"死"顶尖，如图1.12（a）所示，后者是活顶尖，如图1.12（b）所示，均起支撑工件和定位的作用。

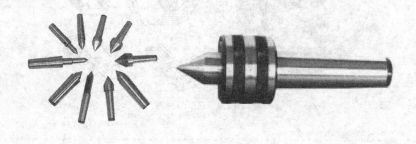

（a）   （b）

图 1.12　顶尖示意图

其旋转传递关系为：主轴→拨盘→鸡心夹→工件旋转。

此种装夹工件的方法称为两顶尖（针）装夹，但工件两端面必须得有中心孔。

（5）跟刀架。其作用是通过跟随车刀位移，来抵消径向切削抗力，从而提高细长轴的形状精度和减小表面粗糙度值。跟刀架上一般有2～3个卡爪，使用时固定在床鞍上，随床鞍一起移动。使用方法如图1.13所示。

除此之外，跟刀架上还有花盘等其他的夹具，这些夹具一般情况下不常使用，故这里不做介绍。

（四）CA6140 型车床的结构图

1. 车床各部分名称（见图1.14）及其作用

（1）主轴部分。

① 主轴箱内有多组齿轮变速机构，变换箱外手柄位置，可以使主轴得到各种不同的转速。

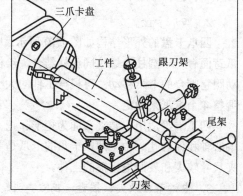

图 1.13　跟刀架示意

② 卡盘用来夹持工件，带动工件一起旋转。

（2）挂轮箱部分。它的作用是把主轴的旋转运动传送给进给箱。变换箱内齿轮和进给箱及长丝杠配合，可以车削各种不同螺距的螺纹。

（3）进给部分。

① 进给箱。利用它内部的齿轮传动机构，可以把主轴传递的动力传给光杠或丝杠得到各种不同的转速。

② 丝杠。用来车削螺纹。

③ 光杠。用来传动动力，带动床鞍、中滑板，使车刀做纵向或横向的进给运动。

（4）溜板部分。

① 溜板箱。变换箱外手柄位置，在光杠或丝杠的传动下，可使车刀按要求方向做进给运动。

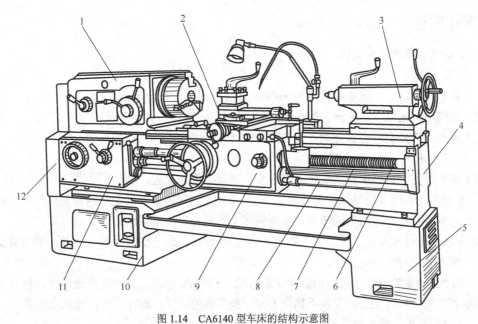

图1.14 CA6140型车床的结构示意图

1—主轴箱 2—刀架 3—尾座 4—床身 5、10—床脚 6—丝杠 7—光杠

8—操纵杆 9—溜板箱 11—进给箱 12—交换齿轮箱

② 滑板。分床鞍、中滑板、小滑板3种。床鞍做纵向移动、中滑板做横向移动，小滑板通常做纵向移动。

③ 刀架。用来装夹刀具。

（5）尾座。用来安装顶尖、支顶较长工件，它还可以安装其他切削刀具，如钻头、绞刀等。

（6）床身。用来支承和安装车床的各个部件。床身上面有两条精确的导轨，床鞍和尾座可沿着导轨移动。

（7）附件。中心架和跟刀架，车削较长工件时，起支撑作用。

车床基本结构

2. 车床各部分传动关系

电动机输出的动力，经皮带传给主轴箱，带动主轴、卡盘和工件做旋转运动。此外，主轴的旋转还通过挂轮箱、进给箱、光杠或丝杠传到溜板箱，带动床鞍、刀架沿导轨做直线运动，如图1.15所示。

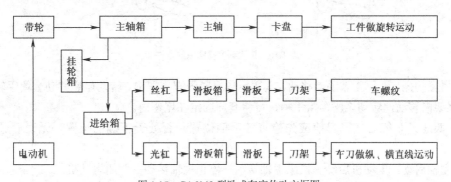

图1.15 CA6140型卧式车床传动方框图

二、课题实施

（一）卧式车床的基本操作

1. 接通电源

（1）接通总电源。一般电源电压为 380V，注意观察电闸箱电压表。

（2）接通车床电源。车床本身有一电源开关旋钮。

（3）接通车床照明灯电源开关。一般为 36V 安全电压。

2. 操作车床

（1）停车练习，调整主轴正反转，将停止手柄置于停止位置。

① 变换各种转速（包括低、高转速）。正确变换主轴转速。变动变速箱和主轴箱外面的变速手柄，可得到各种相对应的主轴转速。当手柄拨动不顺利时，用手稍转动卡盘即可。

② 主轴的正转和反转（低、中等转速下进行）。检查、确定变速手柄位置后，手上提或下压操纵杆，使主轴得到正转或反转。

③ 各种进给量的调整（包括调整挂轮箱齿轮）。正确变换进给量。按所选的进给量查看进给箱上的标牌，再按标牌上进给变换手柄位置来变换手柄的位置，即得到所选定的进给量。

④ 各种类型螺纹螺距的调整（包括调整挂轮箱齿轮等）。

⑤ 自动进给手柄的操纵（包括纵向和横向进给）。熟悉掌握纵向和横向手动进给手柄的转动方向。左手握纵向进给手动手轮，右手握横向进给手动手柄。分别按顺时针和逆时针方向旋转手轮，操纵刀架和溜板箱的移动方向。

熟悉掌握纵向或横向机动进给的操作。光杠或丝杠接通手柄（位于光杠接通位置上），将纵向机动进给手柄提起即可纵向进给，如将横向机动进给手柄向上提起即可横向机动进给。分别向下扳动则可停止纵、横机动进给。

⑥ 大、中、小刻度盘值的使用。图 1.16 所示为排除刻度盘（丝杠）间隙的方法，图 1.16（a）所示为错误操作，图 1.16（b）所示为正确操作。

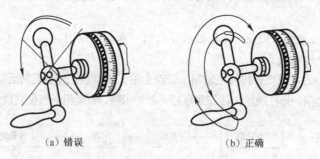

（a）错误　　　　　　　　　　　　　　（b）正确

图 1.16　排除刻度盘间隙的方法

⑦ 尾座的操作。尾座靠手动移动，其固定依靠紧固螺栓螺母。转动尾座移动套筒手轮，可使套筒在尾架内移动，转动尾座锁紧手柄，可将套筒固定在尾座内。

（2）低速开车练习（练习前应先检查各手柄位置是否处于正确的位置，无误后进行开车练习）。

① 主轴启动。电动机启动→操纵主轴转动→停止主轴转动→关闭电动机。

② 机动进给。电动机启动→操纵主轴转动→手动纵、横进给→机动纵、横进给→手动退回→

机动横向进给→手动退回→停止主轴转动→关闭电动机。

（1）机床未完全停止时严禁变换主轴转速，否则会使主轴箱内齿轮出现打齿现象甚至发生机床事故。开车前要检查各手柄是否处于正确位置。

（2）纵向和横向手柄的进退方向不能摇错，尤其是快速进退刀时要千万注意，否则会发生工件报废和安全事故。

（3）横向进给手动手柄每转一格时，如横向吃刀为 0.05mm，其圆柱体直径方向切削量为 0.1mm。

（二）装拆卡盘（以三爪自定心卡盘为例）

自定心卡盘是车床上的常用工具，它的结构和形状如图 1.17（a）所示。当卡盘扳手插入小锥齿轮的方孔中转动时，就带动大锥齿轮旋转。大锥齿轮背面是平面螺纹，平面螺纹又和卡爪的端面螺纹啮合，因此就能带动 3 个卡爪同时做向心或离心移动。

常用的公制自定心卡盘规格有 150、200、250 三种。

1．拆自定心卡盘零部件 [见图 1.17（b）]

（1）松去 3 个定位螺钉 6，取出 3 个小锥齿轮 2。

（2）松去 3 个紧固螺钉 7，取出防尘盖板 5 和带有平面螺纹的大锥齿轮 3。

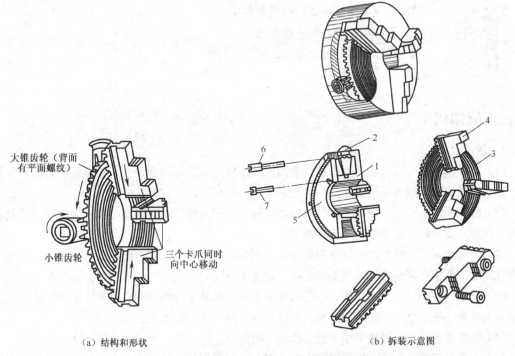

（a）结构和形状　　　　　　　　（b）拆装示意图

图 1.17　三爪卡盘的结构与形状

2．装 3 个卡爪

装卡盘时，用卡盘扳手的方榫插入小锥齿轮的方孔中旋转，带动大锥齿轮的平面螺纹转动。当平面螺纹的螺口转到将要接近壳体槽时，将 1 号卡爪装入壳体槽内。其余两个卡爪按 2 号、3

号顺序装入，装的方法与前相同。

（1）在主轴上安装卡盘时，应在主轴孔内插一铁棒，并垫好床面护板，防止砸坏床面。
（2）安装3个卡爪时，应按逆时针方向顺序进行，并防止平面螺纹转过头。
（3）装卡盘时，不准开车，以防危险。

三、课题小结

在本课题中，主要学习了车床常用的夹具、辅具的种类及作用，重点学习了机床的构造以及机床的基本操作，为今后的车削加工打下良好的基础。

课题三 车床的润滑和维护保养

为了保持车床正常运转和延长其使用寿命，应注意日常的维护保养。车床的摩擦部分必须进行润滑。

技能目标

1. 了解车床维护保养的重要意义
2. 熟悉车床的日常注油方式
3. 熟悉车床的日常清洁维护保养要求

一、基础知识

1．润滑方法

（1）浇油润滑。车床露在外面的滑动表面，如车床的床身导轨面，中、小滑板导轨面和丝杠擦干净后用油壶直接浇油润滑。

（2）溅油润滑。车床齿轮箱内部位的零件一般是利用齿轮转动时的离心力把润滑油飞溅到各处进行润滑。主轴箱、溜板箱要求定期换油。

（3）油绳润滑。进给箱内的轴承和齿轮除了用溅油润滑外还依靠进给箱上部的储油池通过油绳进行润滑。要求是每班给储油池加油一次，如图1.18（a）所示。

（4）弹子油杯润滑。车床尾座、小拖板摇动手柄转动轴承等很多部位一般都采用这种方式。润滑时用油嘴将弹子撬下，注入润滑油。每班至少注油一次，如图1.18（b）所示。

（5）油杯润滑。车床滑板上用来给导轨润滑的部位，将油注入即可，每班一次。

（6）油脂杯润滑。有的车床挂轮箱中的中间介轮轴采用油脂杯润滑。将杯中装满油脂，当拧进油杯盖时便将油挤入轴承套内。一般要定期加油，按时旋进，如图1.18（c）所示。

（7）油泵循环润滑。这种方式是依靠车床内的油泵供应充分的油量来进行润滑的，如CA6140型车床的床头箱即是。

一般情况下车床说明书或车床的相应部位均附有润滑图表。

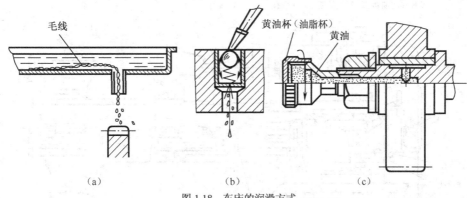

毛线　　黄油杯（油脂杯）　黄油

（a）　　　　　（b）　　　　　（c）

图1.18　车床的润滑方式

2. 润滑油种类及选用

普通车床属于一般设备，一般安装在常温环境，不与水蒸气、腐蚀性气体接触。选用润滑油的主要技术指标是黏度，选用油种一般为机械油和润滑脂。

（1）机械油。这是一种不含任何添加剂的矿物润滑油，稳定性较差，国外已淘汰。在我国也逐渐被液压油替代，但仍有几个牌号的机械油在一些设备上使用。

机械油按40℃时运动黏度的不同分为N5、N7、N10、N15、N22、N32、N46、N68、N100、N150等10个牌号，数字越大黏度越大。

机械油主要根据机械摩擦部件的负荷、运动速度和温度来选择。普通车床一般选用N46和N32机械油。

（2）润滑脂。将某种稠化剂均匀地分散在润滑油中得到半流体状或黏稠膏状的物质就是润滑脂，俗称"黄油"和"牛油"。其基本组成是稠化剂、润滑油和添加剂。国产通用润滑脂大部分是用稠化剂名称定义的，我们常用的钙基润滑脂便是用钙皂作稠化剂的，它的名称前面也标有数字，即是牌号。一般规律是数字小的滴点低，针入度大。

例如，钙基润滑脂为1#、2#、3#、4#、5#，其滴点分别为75℃、80℃、85℃、90℃、95℃，其针入度依次为310～340、265～290、210～250、175～205、130～160等。润滑脂一般按车床说明书来选用。

3. 润滑车床

按车床润滑图要求用油壶和油枪对车床各部进行润滑，并低速运转车床2～3min。

为了掌握正确的车床润滑方法，现以CA6140型车床为例来说明润滑的部位及要求。

CA6140型车床的润滑系统如图1.19所示。润滑部位用数字标出，图中除了1、4、5处的润滑部位用黄油进行润滑外，其余都使用30号机油。

主轴箱的储油量，通常以油面达到油窗高度为宜。箱内齿轮用溅油法进行润滑，主轴后轴承用油绳导油润滑，车床主轴前轴承等重要润滑部位用往复式油泵供油润滑。

主轴箱上有一个油窗，如发现油孔内无油输出，说明油泵输油系统有故障，应立即停车检查断油原因，等修复后才可开动车床。

主轴箱、进给箱和溜板箱内的润滑油一般3个月更换一次，换油时应在箱体内用煤油洗清后再加油。挂轮箱上的正反机构主要靠齿轮溅油润滑，油面的高度可以从油窗孔看出，换油期也是3个月一次。

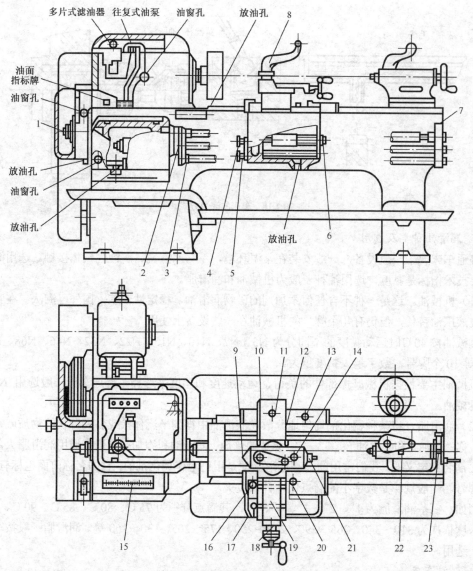

图 1.19 CA6140 型车床的润滑系统

进给箱内的轴承和齿轮，除了用齿轮溅油法进行润滑外，还依靠进给箱上部的储油池通过油绳导油润滑。因此除了注意进给箱油窗内油面的高度外，每班还要给进给箱上部的储油池加油一次。

溜板箱内脱落蜗杆机构用箱体内的油来润滑，油从盖板 6 中注入，其储油量通常加到这个孔的下面边缘为止。溜板箱内其他机构，用它上部储油池里的油绳导油润滑，润滑油由孔 16 和孔 17 注入。

床鞍、中滑板、小滑板、尾座、光杠、丝杠等的轴承，靠油孔注油润滑（图 1.19 中标注的 8～23 和 2、3、7 处），每班加油一次。

挂轮架中间齿轮轴承和溜板箱内换向齿轮的润滑（图 1.19 中标注的 1、4、5 处）每周加黄油一次，每天向轴承中旋进一部分黄油。

二、课题实施

按车床的清洁维护保养要求进行操作。每天指导教师在上班时和下班后应及时进行检查，督促学生养成良好的习惯和意识。

（1）对车床进行每班工作后的清洁。

① 擦净车床导轨面（包括中滑板和小滑板），要求无油污、无铁屑。

② 浇油润滑导轨面。

③ 对车床外表面进行清洁并清扫场地。

④ 整齐摆放工具和物品。

（2）每周要求对车床 3 个导轨面及转动部位进行清洁和润滑，保持油眼畅通，油标、油窗清晰，清洗防护油毛毡，并保持车床外表面干净，场地清洁，物品摆放整齐。

三、课题小结

在本课题中，主要学习了车床的润滑与维护保养，重点学习了润滑油的种类、选用及润滑方法，为车床的正常运转和延长寿命提供了保障。

练习工件装夹找正

将工件安装在卡盘上，使工件的中心与车床主轴的旋转中心取得一致，这一过程称为找正工件。

1. 明确工件的装夹和找正的意义
2. 掌握工件找正的正确方法和相关注意事项

一、基础知识

在车床上找正工件，应注意合理使用找正工具，如划针盘、小手锤或铜棒。注意对工件跳动量的判断，找正时的转速不能太高或太低，夹紧力也不应太大或太小。夹紧力太大，工件难以校正，夹紧力太小，工件安装不可靠，易发生工件掉落的事故。

二、课题实施

根据图 1.20 所示进行棒料和盘料的试装夹，初步学会正确安装棒料和盘料零件。

（一）目测法找正

工件夹在卡盘上使工件旋转，观察工件跳动情况，找出最高点，用铜棒敲击高点，再旋转工件，观察工件跳动情况，再敲击高点，直至工件找正为止，如图 1.21（a）所示。最后把工件夹紧，其基本程序如下：工件旋转→观察工件跳动，找出最高点→找正→夹紧。一般要求最高点和最低点相距 1～2mm 为宜。

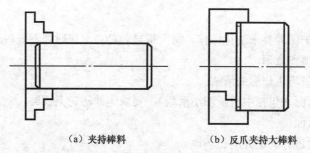

（a）夹持棒料　　　　　　（b）反爪夹持大棒料

图 1.20　棒料找正

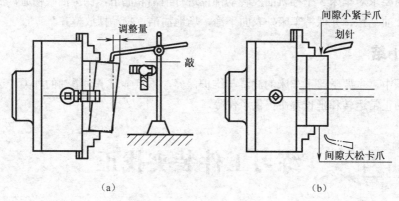

（a）　　　　　　　　　　　　　（b）

图 1.21　目测法找正

（二）使用划针盘找正

车削余量较小的工件可以利用划针盘找正。方法如下：工件装夹后（不可过紧），用划针对准工件外圆并留有一定的间隙，转动卡盘使工件旋转，观察划针在工件圆周上的间隙，调整最大间隙和最小间隙，使其达到间隙均匀一致，最后将工件夹紧，如图 1.21（b）所示。此种方法一般找正精度在 0.5～0.15mm。

（三）开车找正法

在刀架上装夹一个刀杆（或硬木块），工件装夹在卡盘上（不可用力夹死），开车使工件旋转，刀杆向工件靠近，直至把工件靠正，然后夹紧。此种方法较为简单、快捷，但必须注意工件夹紧的程度，不可太紧也不可太松。

（1）找正较大的工件，车床导轨上应垫防护板，以防工件掉下砸坏车床。
（2）找正工件时，主轴应放在空挡（或低速运转）位置，并用手搬动卡盘旋转。
（3）找正时敲击一次工件应轻轻夹紧一次，最后工件找正合格应将工件夹紧。
（4）找正工件要有耐心，并且细心，不可急躁，同时应注意安全。

三、课题小结

在本课题中，主要学习了工件在卡盘上的装夹，重点学习了工件找正的几种方法，实际加工时应根据不同零件的要求采用不同的装夹方法。

课题五 常用量具的使用

学习目标

1. 了解常用量具的结构、功能、规格、性能及使用方法
2. 理解常用量具的读数、示值原理
3. 能够合理选择并正确使用游标卡尺、千分尺、百分表等常用量具检验工件加工质量
4. 学会常用量具的维护保养知识

量具是生产加工中测量工件尺寸、角度和形状的专用工具，一般可分为通用量具、标准量具、专用量具以及量仪、极限量规等。车工在加工零件等各项工作中，都需要使用量具对工件的尺寸、形状、位置等进行检查。常用的通用量具（如游标卡尺、螺纹千分尺、百分表、万能角度尺）、标准量具（如量块、刀口角尺）和极限量规（如螺纹量规）如图 1.22 所示。

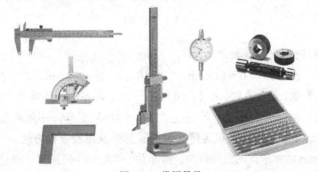

图 1.22 常用量具

熟悉量具的结构、性能、刻线原理、使用方法，能正确使用、保养量具，是车工的一项基本技能。

任务一 练习使用游标类量具

游标类量具是一种中等测量精度的量具，有游标卡尺、高度游标卡尺、深度游标卡尺等。虽然不同的游标类量具的结构、形状、功能不同，但其刻线原理和读数方法是相同的。下面以游标卡尺为例说明其结构、原理及使用。

技能目标

1. 能正确使用游标卡尺
2. 用读数值为 0.02mm 的游标卡尺测量工件，要求测量误差在 ±0.04mm 以内
3. 掌握游标卡尺的维护保养技能

一、基础知识

1. 游标卡尺的结构和功能

图 1.23 所示为带测深杆的游标卡尺各部分结构名称。游标卡尺可以用外测量爪测量工件的外径、长度、宽度、厚度等，用内测量爪测量工件的内径、槽宽等，用测深杆测量孔深度、高度等。

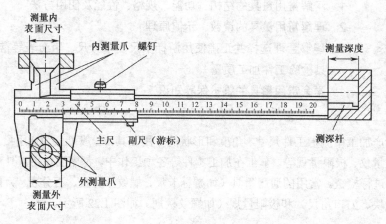

图 1.23 游标卡尺

2. 游标卡尺的刻线原理及读数方法

游标卡尺的测量范围可分为 0～125mm、0～150mm、0～200mm、0～300mm、0～500mm 等多种。测量精度可分为 0.1mm、0.05mm 和 0.02mm 三种。测量时，应按照工件尺寸大小、尺寸精度要求选择游标卡尺。游标卡尺属于中等精度（IT10～IT6）量具，不能测量毛坯或高精度工件。

下面以精度为 0.02mm 的游标卡尺为例，讨论其刻线原理及读数方法。

（1）精度为 0.02mm 游标卡尺的刻线原理。擦净并合拢游标卡尺两量爪测量面，观察主、副尺刻线对齐情况，如图 1.24 所示。副尺 50 格对准主尺 49 格（49mm），则副尺每格长度为 49/50=0.98mm，主、副尺每格差值为 1mm–0.98mm=0.02mm。利用主、副尺每格差值，该游标卡尺的最小读数精确值就是 0.02mm。

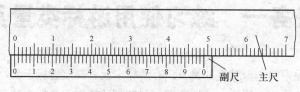

图 1.24 主副尺线对齐情况

（2）游标卡尺读数方法。图 1.25 所示游标卡尺读数方法的步骤如下。

① 读取整数值。主尺上副尺零刻线左侧整毫米数值——18mm。

② 读小数值。

找主副尺对齐刻线（注意观察对齐刻线左右两侧刻线特点）。

读小数值为 0.7mm+4×0.02mm=0.78mm。

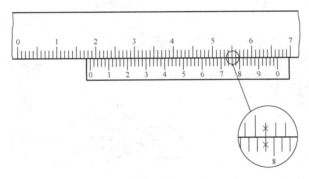

图 1.25　游标卡尺读数方法

③ 测量值=整数值+小数值=18.78mm。

 读一读　卡尺最早出现于公元 9 年，我们的祖先所使用的铜卡尺，其记载见于晚清一些著录上（如吴大澂《权衡度量实验考》和容庚所编《秦汉金文录》）。游标卡尺是法国数学家维尼尔·皮尔（1580—1637）在 1631 年发明的。

二、任务实施

正确使用游标卡尺测量工件（见图1.26）。

正确使用游标卡尺测量工件，测量的步骤包括测量前检查游标卡尺、用游标卡尺卡爪接触工件、读数等。测量中还要注意动作、姿势的正确，测量后要注意游标卡尺的保养。

（一）准备工件

准备可测量宽度、外径、内径、深度尺寸类型的工件一套。

（二）检查游标卡尺

松开紧定螺钉，擦干净两卡爪测量面，合拢两卡爪，透光检查副尺零线与主尺零线是否对齐。若未对齐，应根据原始误差修正测量读数。

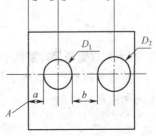

图 1.26　测量工件图

（三）用卡爪接触工件

对于大型工件，将工件置于稳定的状态，用左手拿主尺，右手拿副尺。移动副尺卡爪，使两卡爪测量面与工件的被测量面贴合。对于小型工件，可以左手拿工件，右手拿游标卡尺测量工件，如图 1.27 所示。测量时，卡爪测量面必须与工件的表面平行或垂直，不得歪斜，且用力不能过大，以免卡脚变形或磨损，影响测量精度。图 1.28 所示为一些游标卡尺错误的测量方法。

（四）读数

从刻度线的正面正视刻度。先读出主尺刻度值（整毫米数），再找出主、副尺对齐刻线，读出副尺小数值。测量值即为整毫米数+小数值。

（五）测量 L_1 和 L_2

L_1 测量。先测量 D_1 孔径，再测量 D_1 孔壁到 A 边的距离 a，计算得 $L_1=a+D_1/2$。

L_2 测量。先测量 D_1、D_2 孔径，再测量两孔壁间的距离 b，计算得 $L_2=b+D_1/2+D_2/2$。

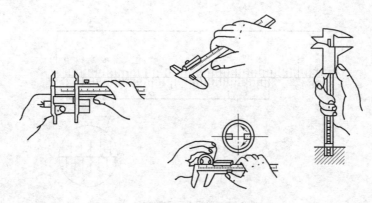

图 1.27　游标卡尺的正确使用方法

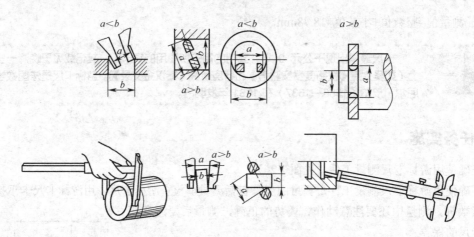

图 1.28　游标卡尺错误的测量方法

（六）放置与保存游标卡尺

游标卡尺不能与其他工具、量具叠放。用完后，应仔细擦净，抹上防护油，主尺和副尺量爪之间保持 0.1~0.2mm 间隙，平放在盒内，不可将副尺紧定螺钉拧紧。

（1）测量前，要校对游标卡尺零位，检查量爪是否平行，若有问题应及时检修。
（2）测力要适当，读数时应与尺面垂直。不允许测量运动中的工件。长工件应多测几处。
（3）测量点要尽可能靠近尺身，紧固螺钉应适当拧紧，以减少测量误差。

三、拓展训练

上述是最常用的游标卡尺，在生产中还用到诸如带表游标卡尺、数显游标卡尺、深度游标卡尺、高度游标卡尺等，如图 1.29 所示。

1. 带表游标卡尺

它以精密齿条、齿轮的齿距作为已知长度，以带有相应分度的指示表放大、细分和指示测量尺形。常见的最小读数值有 0.05mm 和 0.02mm 两种。带表游标卡尺，如图 1.29（a）所示，能解决普通游标卡尺读数时主尺和游标尺重合刻线不易分辨的问题。读数时，整毫米数在主尺上读取，小数在表上读取。表上每格表示 0.02mm（最小读数值为 0.02mm）。

2. 数显游标卡尺

数显游标卡尺如图 1.29（b）所示，是利用电容、光栅等测量系统以数字显示量值的一种长度测量工具。常用的分辨率为 0.01mm，允许误差为 0.03mm/150mm。其读数直观、清晰，测量效率较高，但受测量力和环境温度的影响。

3. 深度游标卡尺

深度游标卡尺如图 1.29（c）所示，用来测量台阶长度和孔、槽的深度，其刻线原理和读法与普通游标卡尺相同。使用方法是：把尺框贴在工件孔或槽端面，再将尺身插到底部，并用螺钉紧固后看尺寸。

4. 高度游标卡尺

高度游标卡尺如图 1.29（d）所示，是用来测量零件的高度和进行精密划线的，其刻线原理和读数方法与普通游标卡尺相同。

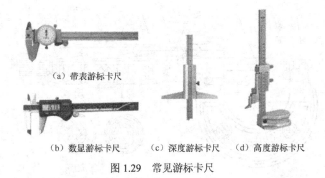

（a）带表游标卡尺

（b）数显游标卡尺　　（c）深度游标卡尺　　（d）高度游标卡尺

图 1.29　常见游标卡尺

用深度游标卡尺测量工件槽深或台阶尺寸。

【操作步骤】

（1）测量前检查。左手拿住深度游标卡尺底座，贴紧工件表面，右手将主尺往沟槽深度方向推进至主尺端部与槽底接触，拧紧紧定螺钉。

（2）根据读数方法读出测量值。

四、任务小结

在本任务中，介绍了游标卡尺的结构、刻线原理和读数方法。要求能熟练运用游标卡尺准确读出测量值。尤为重要的是，要通过练习，掌握正确的测量姿势、测量用力以及游标卡尺的使用和保养方法。

任务二　练习使用千分尺

千分尺又称分厘卡，是法国人帕尔默于 1848 年发明的。千分尺是一种精密的测微量具，用来测量加工精度要求较高的零件尺寸，其最小刻度为 0.01mm，广泛用于机械产品加工行业。

1. 掌握千分尺的正确使用方法
2. 能利用读数值为 0.01mm 的外径千分尺测量工件，要求测量误差在 ±0.02mm 以内

一、基础知识

1. 外径千分尺的功能和结构

千分尺的种类繁多,如外径千分尺、内径千分尺、测深千分尺、螺纹千分尺等。其中,外径千分尺应用较为广泛。

外径千分尺主要用于测量精密工件的外径、长度、厚度等。

外径千分尺的规格按测量范围分为0～25mm、25～50mm、50～75mm、75～100mm、100～125mm等,使用时按被测工件的尺寸选用。

外径千分尺的结构如图1.30所示,主要由尺架、固定量砧、测微螺杆、固定套管、微分筒、测力装置、锁紧手柄、隔热垫等组成。

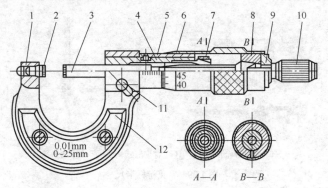

图1.30　千分尺结构

1—尺架　2—固定量砧　3—测微螺杆　4—螺套　5—固定套管　6—活动套管　7—螺母
8—锥管接头　9—垫片　10—测力装置　11—锁紧手柄　12—绝热板

2. 千分尺的刻线原理

千分尺测微螺杆上的螺距为0.50mm,当微分筒转一圈时,测微螺杆就沿轴向移动0.50mm。固定套管上刻有间隔为0.50mm的刻线,微分筒圆锥面的圆周上共刻有50个格,因此微分筒每转一格,测微螺杆就移动0.5mm/50=0.01mm,因此该千分尺的精度值为0.01mm。

3. 千分尺的读数方法

首先读出微分筒边缘在固定套管主尺的毫米数和半毫米数,图1.31（a）所示的毫米数和半毫米数为（15+0.5）=15.5mm,图1.31（b）所示的毫米数为40mm。然后看微分筒上哪一格与固定套管上基准线对齐,并读出相应的不足半毫米数,图1.31（a）所示为0.29mm,图1.31（b）所示为0.29mm。最后,把两个读数相加起来就是测得的实际尺寸。图1.31（a）所示的测量值为15.79mm,图1.31（b）所示的测量值为40.29mm。

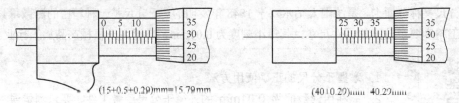

（a）　　　　　　　　　　　　　　　（b）

图1.31　千分尺读数方法

二、任务实施

正确使用外径千分尺测量工件，如图 1.32（a）所示。

使用外径千分尺精密测量工件时，测量的步骤、动作、姿势是保证测量准确性的重要因素。测量前应检查千分尺；测量时要注意动作、姿势的正确，使用合适的测量力；读数时要正视；测量后应学会正确保养等。平时要防止错误的测量动作和习惯，如图 1.32（b）所示。

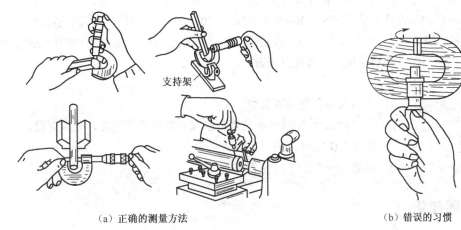

（a）正确的测量方法　　　　　　　　　　　　（b）错误的习惯

图 1.32　外径千分尺的测量方法

（一）初调

松开锁紧手柄，转动微分筒擦净测砧和测微螺杆上的测量面。转动测力装置发出"吱吱"声响为止，两测量面贴合，检查微分筒零刻线是否与固定套管基准刻线对齐，固定套管零刻线是否刚好露出。

（二）测量工件

将工件置于稳定状态并处于两测量面间。左手拿住尺架隔热垫部分，右手转动测力装置至发出"吱吱"声响为止，表示测量力适度。

（三）读数

从刻度线的正面正视刻度。先读出固定套管上的整毫米数和半毫米数，再读出微分筒上的小数值。测量值=整毫米数+半毫米数+小数值。

（四）放置与保存千分尺

千分尺不能与其他工具、量具叠放。用完后，仔细擦净，测量面抹上防护油并将两测量面分开 0.1～0.2mm，不可将锁紧手柄拧紧，平放在盒内，置于干燥处。

 提示

（1）铜、铝等材料加工后的线膨胀系数较大，应冷却后再测量，否则容易出现误差。

（2）读数时，最好不要取下千分尺进行读数，如确需取下，应首先锁紧测微螺杆，然后轻轻取下千分尺，防止尺寸变动。

三、任务小结

在本任务中，要了解千分尺的结构，理解千分尺的刻线原理和读数方法，熟练运用千分尺的读数方法并准确读出测量值。尤为重要的是，要通过练习，掌握正确的测量姿势、测量用力，学会千分尺的使用和保养。

任务三　练习使用百分表

百分表用来检验机床精度和测量工件的尺寸、形状和位置误差。目前，国产百分表的测量范围（即测量杆的最大移动量）有 0～3mm、0～5mm、0～10mm 三种。按其制造精度，可分为 0 级、1 级和 2 级三种。0 级精度较高，一般适用于尺寸精度为 IT8～IT6 级零件的校正和检验。百分表是钳工常用的一种精密量具，其优点是方便、可靠、迅速。

技能目标

1. 正确安装和使用百分表
2. 用读数值为 0.01mm 的百分表测量零件的平行度，要求测量误差在 0.02mm 以内
3. 掌握百分表的维护保养技能

一、基础知识

钟式百分表是利用齿轮齿条传动，将触头的直线移动转换成指针的转动进行测量的，是一种指针式量具，读数值为 0.01mm（为 1mm 的百分之一，故称百分表）。百分表使用时，一般装在专用表架（万能表架或磁性表座）上，如图 1.33 所示。

二、任务实施

（一）百分表使用注意事项

（1）按照零件的形状和精度要求，选用合适的百分表精度等级和测量范围。

（2）使用前，轻轻推动测量杆时，测量杆在套筒内的移动要灵活，没有任何轧卡现象，且每次放松后，指针能回复到原来的刻度位置。

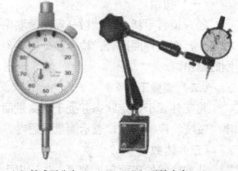

（a）钟式百分表　　　（b）磁性表座

图 1.33　百分表

（3）把百分表固定在可靠的夹持架上（如固定在磁性表座上），夹持架要安放平稳，以免使测量结果不准确或摔坏百分表。

（4）测量杆必须垂直于被测量表面，否则将使测量杆活动不灵活或使测量结果不准确。

（5）测量时，不要使测量杆的行程超过其测量范围，测量头不能突然撞在零件上，不能测量表面粗糙或有显著凹凸不平的零件，以免损坏百分表。

（6）测量完成后，拆开百分表和磁性表座，平放于盒内。

（二）用百分表测量零件的平行度

（1）识读图纸，根据零件图纸的工艺和要求，确定测量基准和测量面。

（2）擦净被测量零件基准和被测量面，将基准放在平板上。

（3）把百分表固定在磁性表座上，注意拧紧各连接紧定螺钉。打开磁性表座磁性开关，将表座连同百分表固定到平板上。

（4）调节百分表测量杆使之垂直于零件被测量表面，慢慢使测量头与工件表面某点接触。测量杆应有一定的初始测力，使指针转过半圈左右，然后转动表圈，使表盘的零位刻线对准指针。轻轻拉起和放松测量杆的圆头几次，检查指针所指的零位有无改变。

（5）当指针的零位稳定后，慢慢地移动工件。百分表指针顺时针摆动，零件被测点偏高（读数值即为误差值，记录为"＋"）；逆时针摆动，零件被测点偏低（记录为"－"）。零件最大平行度误差即偏高值与偏低值的绝对值之和。

三、拓展训练

用内径百分表测量孔径。

除钟式百分表外，按结构和功能的不同，百分表还可分为杠杆式百分表、内径百分表等，如图 1.34 所示。杠杆百分表体积较小，适合于零件上孔的轴心线与底平面的平行度的检查。

使用时注意表头与测量面的接触角度是否正确，α 应尽可能小（见图 1.35）。

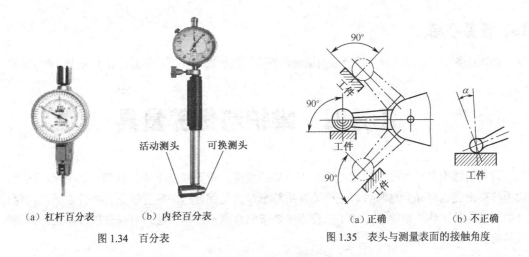

（a）杠杆百分表　　　（b）内径百分表

图 1.34　百分表

（a）正确　　　（b）不正确

图 1.35　表头与测量表面的接触角度

内径百分表可用来测量孔径和孔的形状误差，尤其对于深孔测量极为方便。如图 1.36 所示，内径百分表在三通管的一端装着活动测量头，另一端装着可换测量头，垂直管口一端，活动测头的移动量，可以在百分表上读出来。

内径百分表活动测头的移动量，小尺寸的只有 0～1mm，大尺寸的可有 0～3mm，它的测量范围是由更换或调整可换测头的长度来达到的。因此，每个内径百分表都附有成套的可换测头，使用前必须先进行组合和校对零位。

【操作步骤】

（1）组装内径百分表。百分表装入连杆内，使小指针指在 0～1 的位置上，长针和连杆轴线重合，刻度盘上的字应垂直向下，以便于测量时观察。装好后应予以紧固。

（2）校对零位。根据被测孔径大小正确选用可换测头的长度及其伸出距离，用外径千分尺（或者标准环规）调整好尺寸后才能使用，如图 1.37 所示。

（3）测量孔径。百分表连杆中心线应与工件中心线平行，不得歪斜，同时应在圆周上多测几个点，找出孔径的实际尺寸（最小点），如图 1.36 所示。

（4）测量完成后，拆开百分表、表架、可换测量头，将可换测量头擦净并上黄油。各物品平放于盒内。

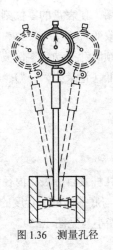

图 1.36　测量孔径

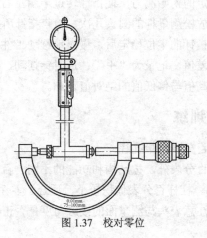

图 1.37　校对零位

四、任务小结

在本任务中，主要了解了百分表的原理、规格，通过操作练习，掌握百分表的使用和注意事项。

任务四　维护与保养量具

量具的精度某种程度上决定着机加工产品的精度，量具精度不够，其测量结果就不准确，也就无法真正确认产品合格与否。正确地使用精密量具是保证产品质量的重要条件之一，要保持量具的精度和其工作的可靠性，除了在使用中要按照合理的使用方法进行操作以外，还必须做好量具的维护和保养工作。

技能目标

1. 掌握量具维护、保养的相关注意事项
2. 学会检查游标卡尺、千分尺、百分表等量具精度是否合格的方法
3. 学会正确维护和保养常用量具

一、基础知识

正确地使用量具是保证产品质量的重要条件之一。为了保证量具的精度，延长量具的使用期限，在工作中应对量具进行必要的维护与保养。在维护与保养中应注意以下几个方面。

（1）测量前应将量具的测量面和工件被测量表面擦净，以免脏物影响测量精度和对量具产生磨损。

（2）量具在使用过程中，不要和其他工具、刀具、量具放在一起或叠放，以免损伤量具。

（3）量具是测量工具，不能作为其他工具的代用品。例如，拿游标卡尺划线，拿百分表当小榔头，拿钢直尺当起子旋螺钉或用钢直尺清理切屑等都是错误的。

（4）机床开动时，不要用量具测量旋转着的工件，否则会加快量具磨损，而且容易发生事故。

（5）温度对量具精度影响很大，因此，量具不应放在热源（电炉、暖气片等）附近，以免受热变形而失去精度。

（6）量具用完后，应及时擦净、上油，放在专用盒中，保存在干燥处，以免生锈。

（7）精密量具应实行定期鉴定和保养，发现精密量具有不正常现象时，应及时送交计量室检修。

二、任务实施

（1）检查使用的游标卡尺、千分尺等量具的精度是否合格，合格证及附件是否齐全。

（2）观察、判断是否有损坏或不准确的情况，根据情况进行记录。

（3）对游标卡尺、千分尺等量具进行清理，擦拭干净，放入盒内。

三、任务小结

本任务介绍了常用量具的维护与保养。量具是保证工件精度的重要工具，在生产加工中有重要作用。应该掌握好量具的维护与保养方法，养成良好的量具使用习惯。

课题六 认识车刀

车刀是车工在金属切削加工中必不可少的切削刀具，在行业内有"三分技术，七分车刀"的说法，这虽然并不科学严谨，但也反映出车刀的重要性。因此，正确认识车刀并掌握车刀的刃磨和使用方法是学习车工技术的基础。

技能目标

1. 初步掌握车刀几何要素的名称和主要作用
2. 了解常用车刀切削部分材料的性能
3. 掌握切削用量的基本概念
4. 掌握车刀刃磨的方法和要求

一、基础知识

（一）车刀切削部分应具备的基本性能

车刀切削部分在很高的温度下工作，经受连续强烈的摩擦，并承受很大的切削力和冲击，所以车刀切削部分的材料必须具备下列基本性能。

（1）较高的硬度。常温下刀头的硬度要在 HRC60 以上。

（2）较高的耐磨性。车刀应具备抵抗工件磨损的性能。

（3）较高的耐热性。车刀应在高温下仍具有良好的切削性能。

（4）足够的强度和韧性。切削需要承受较大的冲击力，因此车刀应具备足够的强度及韧性，以防止车刀脆性断裂或崩刃。

（5）良好的工艺性能。车刀应具备可焊接、热处理、磨削加工等工艺性能。

（二）车刀切削部分的常用材料

目前，车刀切削部分的常用材料有高速钢和硬质合金两大类。

（1）高速钢。高速钢是含钨（W）、钼（Mo）、铬（Cr）、钒（V）等合金元素较多的工具钢，常用牌号有 W18Cr4V、W6Mo5Cr4V2 等。高速钢具有较好的综合性能和可磨削性能，可制造各种复杂刀具和精加工刀具，应用广泛，主要用于制造小型刀具、螺纹车刀及形状复杂的成形刀。

高速钢车刀的特点是制造简单、刃磨方便、刃口锋利、韧性好并能承受较大的冲击力，但高速钢车刀的耐热性较差，不宜高速切削。

（2）硬质合金。硬质合金是用钨和钛的碳化物粉末和钴作为黏结剂，经过高压压制成形后再经高温烧结而成的粉末冶金制品。其硬度、耐磨性和耐热性均高于高速钢。硬质合金的缺点是韧性较差，承受不了大的冲击力。硬质合金是目前应用最广泛的一种车刀材料。常见硬质合金的牌号、性能和使用范围见表 1.2。

表 1.2　　　　　　　　　　常见硬质合金的牌号、性能和使用范围

类型	牌号	力学性能		使用性能			使 用 范 围	
		硬度/HRC	抗弯强度/GPa	耐磨	耐冲击	耐热	材料	加 工 性 质
钨钴类	YG3X	78	1.03	↑		↑	铸铁，非铁金属	连续切削时精、半精加工
	YG6X	78	1.37				铸铁，耐热合金	精加工、半精加工
	YG6	75	1.42				铸铁，非铁金属	连续切削粗加工，间断切削半精加工
	YG8	74	1.47		↓		铸铁，非铁金属	间断切削粗加工
钨钴钛类	YT5	75	1.37		↑		钢	粗加工
	YT15	78	1.13				钢	连续切削粗加工，间断切削半精加工
	YT30	81	0.88	↓		↓	钢	连续切削精加工
通用硬质合金	YW1	80	1.28	较好	较好		难加工钢材	精加工、半精加工
	YW2	78	1.47	好			难加工钢材	半精加工、粗加工

（三）常用车刀的种类和用途

1. 车刀的种类

根据不同的车削加工内容，常用的车刀有外圆车刀、端面车刀、车断刀、车孔刀、圆头刀、螺纹车刀等，如图 1.38 所示。

2. 车刀的用途

车刀的用途如图 1.39 所示。

（1）90°车刀（偏刀）。用来车削工件的外圆、台阶和端面。

（2）45°车刀（弯头车刀）。用来车削工件的外圆、端面和倒角。

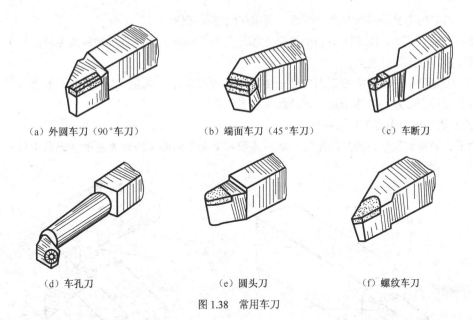

（a）外圆车刀（90°车刀）　　　（b）端面车刀（45°车刀）　　　（c）车断刀

（d）车孔刀　　　　　　　　（e）圆头刀　　　　　　　　（f）螺纹车刀

图 1.38　常用车刀

（3）车断刀。用来车断工件或在工件上车槽。

（4）车孔刀。用来车削工件的内孔。

（5）圆头刀。用来车削工件的圆弧面或成形面。

（6）螺纹车刀。用来车削螺纹。

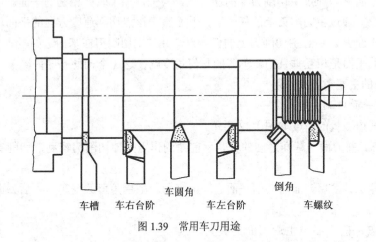

车槽　　车右台阶　　车圆角　　车左台阶　　倒角　　车螺纹

图 1.39　常用车刀用途

（四）车刀的组成

图 1.40 所示为车刀组成示意图，它由刀头和刀杆两部分组成。刀头用于切削，又称切削部分；刀杆用于把车刀装夹在刀架上，又称夹持部分。

车刀主要由以下各部分组成。

（1）前刀面 A_γ——切屑流出经过的刀具表面。

（2）主后刀面 A_α——与工件上加工表面相对应的表面。

（3）副后刀面 A_α'——与工件上已加工表面相对应的表面。

（4）主切削刃 s——前刀面与主后刀面相交的交线部位。

（5）副切削刃 s'——前刀面与副后刀面相交的交线部位。

（6）刀尖——主、副切削刃相交的交点部位。为了提高刀尖的强度和耐用度往往把刀尖刃磨成圆弧形和直线形的过渡刃。

（7）修光刃——副切削刃近刀尖处一小段平直的切削刃。与进给方向平行且长度大于工件每转一转车刀沿进给方向的移动量，才能起到修光作用。

（五）确定车刀角度的辅助平面

为了确定和测量车刀的几何角度，通常假设以下 3 个辅助平面作为基准（见图 1.41）。

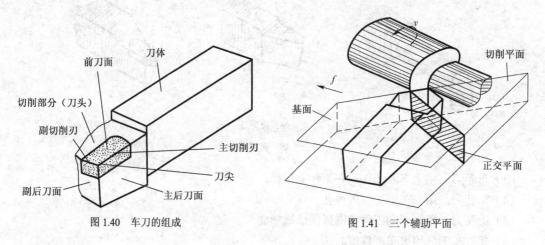

图 1.40 车刀的组成   图 1.41 三个辅助平面

（1）切削平面 P_s。通过主切削刃上的任一点，与工件加工表面相切的平面。

（2）基面 P_r。通过主切削刃上的任一点，并垂直于该点切削速度方向的平面。

（3）正交平面 P_o。通过主切削刃上的任一点，并与主切削刃在基面上的投影垂直的平面。

这 3 个辅助平面是相互垂直的，车刀的几何角度就在这 3 个辅助平面内测量。

（六）车刀的主要角度和作用

1. 在正交平面内测量的角度

在正交平面内测量的角度如图 1.42 所示。

（1）前角 γ_o。前刀面与基面之间的夹角。前角的作用是使切削刃锋利，切削省力，并使切屑容易排出。

（2）主后角 α_o。主后刀面与切削平面之间的夹角。主后角可改变车刀主后刀面与工件间的摩擦状况。

（3）楔角 β_o。前刀面与主后刀面的夹角。

前角、主后角与楔角之间的关系为

$$\gamma_o + \alpha_o + \beta_o = 90°$$

2. 在基面内测量的角度

在基面内测量的角度如图 1.43 所示。

（1）主偏角 κ_r。主切削刃在基面上的投影与进给方向之间的夹角。它能改变主切削刃与刀头的受力及散热情况。

（2）副偏角 κ_r'。副切削刃在基面上的投影与进给方向之间的夹角。它能改变副切削刃与工件已加工表面之间的摩擦状况。

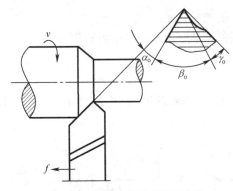

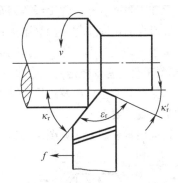

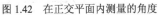

图 1.42　在正交平面内测量的角度　　　　　图 1.43　在基面内测量的角度

（3）刀尖角 ε_r。主切削刃与副切削刃在基面上投影之间的夹角。它影响刀尖强度及散热情况。主偏角、副偏角与刀尖角之间的关系为

$$\varepsilon_r = 180° - \left(\kappa_r + \kappa_r' \right)$$

3. 在切削平面内测量的角度

在切削平面内测量的角度如图 1.44 所示。

刃倾角 λ_s。在切削平面内主切削刃与基面之间的夹角。它影响刀尖的强度并控制切屑流出的方向。

刃倾角有负值、正值和零度 3 种。当刀尖是主切削刃的最高点时，刃倾角是正值，切削时的切屑向待加工表面方向流出，不会擦伤已加工表面，但刀尖强度较差；当刀尖是主切削刃最低点时，刃倾角是负值，切削时切屑向已加工表面方向流出，但刀尖强度好；当主切削刃与基面平行时，刃倾角为零度，切削时切屑向垂直于主切削刃方向流出。

（七）切削运动的基本概念

1. 切削运动

车削工件时，必须使工件和刀具做相对运动。根据运动的性质和作用，车削运动主要分为工件的旋转运动和车刀的直线或曲线运动，即主运动和进给运动。

（1）主运动。速度最高、消耗机床功率最多的运动。

（2）进给运动。金属层不断投入切削的运动。

2. 车削时工件上形成的表面

在车削运动中，工件上会形成已加工表面、过渡表面和待加工表面，如图 1.45 所示。

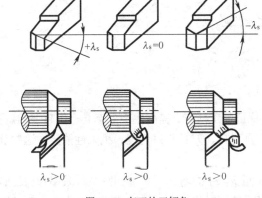

图 1.44　车刀的刃倾角

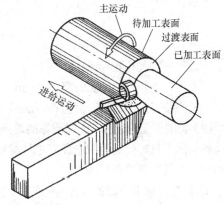

图 1.45　车削运动和工件表面

（1）已加工表面。即工件上经车刀车削后产生的新表面。

（2）过渡表面。即工件上由切削刃正在形成的那部分表面，也称加工表面。

（3）待加工表面。即工件上有待切除的表面。

3．切削用量的基本概念

切削用量是表示主运动及进给运动大小的参数，是切削速度、进给量和背吃刀量三者的总称，也称为切削用量三要素。

（1）切削用量三要素（见图 1.46）。

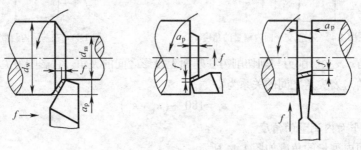

图 1.46　切削用量三要素

① 切削速度 v_c。车削时，刀具切削刃上某选定点相对于待加工表面在主运动方向上的瞬时速度，称为切削速度。切削速度也可理解为车刀在 1min 内车削工件表面的理论展开直线长度（假定切屑无变形或收缩），单位为 m/min。切削速度计算式为

$$v_c = \frac{\pi dn}{1000} \text{ 或 } v_c \approx \frac{dn}{318}$$

式中：v_c——切削速度，m/min；

$\quad\quad d$——工件（或刀具）的直径，mm；

$\quad\quad n$——车床主轴转速 r/min。

② 进给量 f。工件每转一周，车刀沿进给方向移动的距离称为进给量，单位为 mm/r。根据进给方向的不同，进给量又分为纵向进给量和横向进给量，纵向进给量是指沿车床床身导轨方向的进给量，横向进给量是指垂直于车床床身导轨方向的进给量。

③ 背吃刀量 a_p。工件上已加工表面和待加工表面间的垂直距离称为背吃刀量。背吃刀量是每次进给时车刀切入工件的深度，故又称为切削深度。车外圆时，背吃刀量计算式为

$$a_p = \frac{d_w - d_m}{2}$$

式中：a_p——背吃刀量，mm；

$\quad\quad d_w$——工件待加工表面直径，mm；

$\quad\quad d_m$——工件已加工表面直径，mm。

（2）切削用量的选择。切削用量的选择对于保证加工质量、提高生产效率具有很重要的意义。而选择切削用量时受制约的条件有工件材料、刀具材料、刀具几何角度、机床性能等，这些都是制约切削用量选择的重要因素。

① 粗车时切削用量的选择。粗车时，加工余量大，主要考虑尽可能提高生产效率和保证必要的刀具寿命。原则上应选较大的切削用量，但又不能同时将切削用量三要素都增大。合理的选择

是：首先应选较大的背吃刀量，以减少进给次数。若有可能，最好一次将粗车余量切除。若余量太大一次无法切除时，可分为 2 次或 3 次，但第 1 次的背吃刀量应尽可能大一些。对于切削表层有硬皮的锻、铸件毛坯尤其要这样，以防止刀尖过早磨损。其次，为缩短进给时间再选择较大的进给量。当背吃刀量和进给量确定之后，在保证车刀寿命的前提下，再选择一个相对大而且合理的切削速度。

② 半精车、精车时切削用量的选择。半精车、精车阶段，加工余量较小，主要考虑保证加工精度和表面质量，当然也要注意提高生产效率及保证刀具寿命。根据工艺要求留给半精车、精车的加工余量，原则上是在一次进给过程中切除，若工件的表面粗糙度值要求较高，一次进给无法达到表面粗糙度要求时，应分二次进给，但最后一次进给的背吃刀量不得小于 0.1mm。半精车、精车时进给量应选得小一些。切削速度则应根据刀具材料选择。高速钢车刀应选较低的切削速度（$v_c < 5\text{m/min}$＝以降低切削温度；硬质合金车刀应选择较高的切削速度（$v_c > 80\text{m/min}$）。这样既可以达到表面质量要求又可以提高生产效率。

二、课题实施

车刀刃磨是车工的一项基本技能。本课题重点训练车刀的刃磨。

（一）选择砂轮

根据刀具材料正确选用砂轮。刃磨高速钢车刀时，应选用粒度为 46 号到 60 号的软或中软的氧化铝砂轮。刃磨硬质合金车刀时，应选用粒度为 60 号到 80 号的软或中软的碳化硅砂轮，两者不能搞错。

（二）刃磨车刀

1. 车刀刃磨的步骤

（1）粗磨主后刀面，同时磨出主偏角及主后角，如图 1.47（a）所示。

（2）粗磨副后刀面，同时磨出副偏角及副后角，如图 1.47（b）所示。

（3）粗磨前刀面，同时磨出前角，如图 1.47（c）所示。

（4）精磨前刀面。

（5）精磨主后刀面。

（6）精磨副后刀面。

（7）修磨刀尖，如图 1.47（d）所示。

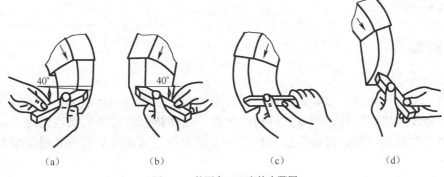

（a）   （b）   （c）   （d）

图 1.47 外圆车刀刃磨的步骤图

2. 刃磨车刀的姿势及方法

（1）人站立在砂轮机的侧面，以防砂轮碎裂时，碎片飞出伤人。

（2）两手握刀的距离适当，两肘夹紧腰部，以减小磨刀时的抖动。

（3）磨刀时，车刀要放在砂轮的水平中心，刀尖略向上翘 3°～8°，车刀接触砂轮后应做左右方向水平移动。当车刀离开砂轮时，车刀需向上抬起，以防磨好的刀刃被砂轮碰伤。

（4）磨后刀面时，刀杆尾部向左偏过一个主偏角的角度；磨副后刀面时，刀杆尾部向右偏过一个副偏角的角度。

（5）修磨刀尖圆弧时，通常以左手握车刀前端为支点，用右手转动车刀的尾部。

（1）刃磨刀具前，应首先检查砂轮有无裂纹，砂轮轴螺母是否拧紧，并经试转后使用，以免砂轮碎裂或飞出伤人。

（2）刃磨刀具不能用力过大，否则会使手打滑而触及砂轮面，造成事故。

（3）磨刀时应戴防护眼镜，以免砂砾和铁屑飞入眼中。

（4）磨刀时不要正对砂轮的旋转方向站立，以防意外。

（5）磨小刀头时，必须把小刀头装入刀杆上。

（6）砂轮支架与砂轮的间隙不得大于 3mm，发现过大时，应调整适当。

三、课题小结

在本课题中，主要学习了车刀几何要素和作用，介绍了车刀的刃磨方法以及切削用量的基本要素，学习和掌握车刀的基本知识，为以后的车削加工打下坚实的基础。

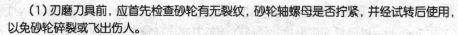

课题七　认识常用切削液及其选用

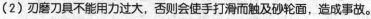

技能目标

1. 了解切削液的种类及作用
2. 了解切削液的一般选用原则

一、基础知识

1. 切削液的作用

车削过程中，切屑、刀具和工件的相互摩擦会产生很高的切削热。在正确使用刀具的基础上合理选用切削液，可以减少切削过程中的摩擦，从而降低切削温度，减小切削力，减少工件的热变形，对提高加工精度和表面质量尤其是对提高刀具耐用度起着很重要的作用。

（1）冷却作用。切削液浇注到切削区域后，通过切削热的热传递和汽化，能吸收和带走切削区大量的热量，从而改善散热条件，使切屑、刀具和工件上的温度降低，尤为重要的是降低前刀面上的温度。切削液冷却作用的好坏，取决于它的导热系数、比热、汽化热、汽化速度、流量、流速等。一般水溶液的冷却性能最好，油类最差，乳化液介于两者之间而接近于水溶液。

（2）润滑作用。车削加工时，切削液渗透到工件与刀具、切屑的接触表面之间形成边界润滑而达到润滑作用。所谓边界润滑，就是在切削时，刀具前刀面与切屑接触，接触表面间压力较大，温度较高，使部分润滑膜厚度逐渐减小，直到消失，造成金属表面波峰直接接触。而其余部位，仍保持着润滑膜，从而减小金属直接接触面积，降低摩擦系数。

（3）清洗作用。浇注切削液能冲、带走在车削过程中产生的碎、细切屑，从而起到清洗、防止刮伤已加工表面和车床导轨面的作用。

（4）防锈作用。在切削液中加入防锈添加剂，如亚硝酸钠、磷酸三钠和石油磺酸钡等，可在金属表面生成保护膜，使机床、工件不受空气、水分和酸等介质的腐蚀，从而起到防锈作用。

2. 切削液的种类及其选用

常用切削液有水溶液、乳化液和切削油 3 大类。

（1）水溶液。水溶液的主要成分是水，并加入防锈添加剂，主要起冷却作用。一般用于精车、铰孔等。

（2）乳化液。乳化液是将乳化油用水稀释而成的液体。而乳化油则是由矿物油、乳化剂及添加剂配成的。常用的有三乙醇胺油酸皂、69-1 防锈乳化油、极压乳化油等。使用时，按产品说明配制而用。低浓度主要起冷却作用，适用于粗加工；高浓度主要起润滑作用，适用于精加工和复杂工序加工。

（3）切削油。切削油包括机械油、轻柴油、煤油等矿物油，还有豆油、菜籽油、蓖麻油、鲸油等动植物油。普通车削、攻螺纹、铰孔等可选用机油；加工有色金属和铸铁时应选用黏度小、浸润性好的煤油与其他矿物油的混合油；自动机床可选用黏度小、流动性好的轻柴油。

（4）车削时切削液的选择。

① 车削铸铁时一般不用切削液。

② 一般钢件可选乳化液。

③ 车削不锈钢或耐热钢应选极压油或极压乳化液。

④ 使用高速钢刀具可选用乳化液，精加工时可选用高浓度的切削油或乳化液。

⑤ 硬质合金刀具一般不使用切削液，如果使用必须连续充分地加切削液。

二、课题小结

本课题中，主要学习了切削液的作用和切削液的分类，以及在实际使用中根据不同的加工性质，不同的刀具材料，不同的加工零件来选用不同的切削液。

模块总结

本模块以车削的基本知识与操作技能为例，着重介绍了车床的性能、结构和作用；常用量具的使用方法，以及对不同零件的形状和精度采用的不同的量具；同时详细地介绍了车刀的基础知识，并能根据不同的加工对象，选择不同的刀具材料及不同的几何要素。

学好本模块，对从事本工种职业有着很重要的作用，因此要全面掌握本模块的理论知识，熟练掌握本模块的操作技能，为更深入地学习和掌握车工加工技术打下坚实的基础。

模块二 **2 圆柱面的车削**

学习目标

1. 熟记车削轴类零件的车刀种类、名称
2. 掌握车刀几何角度的经验数值和刃磨方法
3. 掌握轴类零件的安装、车削方法
4. 掌握轴类零件的测量方法

　　长度大于直径 3 倍以上的工件称为轴类零件。它们一般由圆柱面和端面组成，如图 2.1 所示。轴可分为等直径轴、阶台轴、偏心轴、空心轴等，在机器中，轴类零件是用以支撑传动零件和传递扭矩的。

图 2.1　简单的轴类零件

课题一 认识车刀及其刃磨

技能目标

1. 能根据不同的车刀材料选择不同的砂轮
2. 掌握车刀几何角度的经验数值和刃磨方法

车削加工轴类零件一般可以分为粗车和精车两个阶段。粗车的目的是尽快把加工余量去除，粗车对切削表面没有严格要求，只需留一定的精车余量，从而提高劳动生产率；精车的目的是达到图样的尺寸精度、表面粗糙度和形位精度，并且兼顾劳动生产率。

由于粗车、精车的目的不同，因此对于所用车刀的几何参数是不相同的。车轴类工件用得比较多的是 90°车刀、45°车刀和 75°车刀，下面以 90°普通外圆车刀为例，介绍车刀的几何参数及刃磨要求。

一、基础知识

90°车刀又叫作偏刀，它分为右偏刀和左偏刀，下面主要介绍右偏刀的几何角度及刃磨。

1. 刃磨前刀面

刃磨前刀面时，可以磨出刃倾角 λ_s（见图 2.2）。

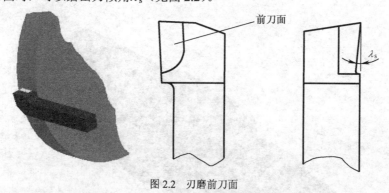

图 2.2 刃磨前刀面

（1）为了增加粗车刀的强度，刃倾角可以选择 $\lambda_s = -10° \sim 0°$。

（2）使用精车刀车削时，为了使切屑流向待加工表面，可以选择 $\lambda_s = 3° \sim 8°$。

2. 刃磨主后刀面

刃磨主后刀面时，同时磨出主偏角 κ_r 和主后角 α_o（见图 2.3）。

（1）粗车刀的主偏角 κ_r 不能太小，否则车削时有较大的径向力，容易震动。当工件形状许可时，选择 $\kappa_r = 75°$ 比较合适，此时既能承受较大的切削力，又便于切削散热。

（2）为了增强粗车刀的强度，粗车刀应取较小的主后角，$\alpha_o = 6°$ 左右。

（3）精车刀为了能够车削阶台，主偏角 $\kappa_r = 93°$。

（4）精车时对车刀的强度要求并不高，为了减少车刀与工件之间的摩擦，$\alpha_o = 8° \sim 10°$。

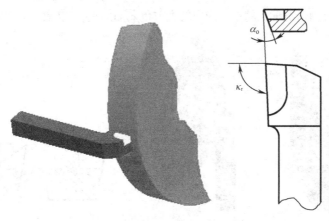

图 2.3　刃磨主后面

3. 刃磨副后刀面

刃磨副后刀面时，同时磨出副偏角 κ_r' 和副后角 α_o'（见图 2.4）。

（1）粗车刀的副偏角一般取 $\kappa_r'=5°\sim8°$ 即可；副后角取 $\alpha_o'=6°\sim8°$。

（2）为了提高工件表面质量，精车刀应取较小的副偏角 κ_r'，还可以在副切削刃上磨出修光刃，修光刃的长度 $b_s'=(1.2\sim1.5)f$。

（3）为了使精车刀锋利，副后角可以略大一些 $\alpha_o'=8°\sim10°$。

4. 刃磨断屑槽

断屑槽的作用有两个，一是车削时使切屑沿槽运动，自然卷曲，然后折断；二是形成前角。断屑槽常见的形状有圆弧型，如图 2.5（a）所示；直线型，如图 2.5（b）所示。圆弧型断屑槽的前角一般较大，适于切削较软的材料；直线型断屑槽的前角较小，适于切削较硬的材料，断屑槽的宽窄由背吃刀量和进给量决定。

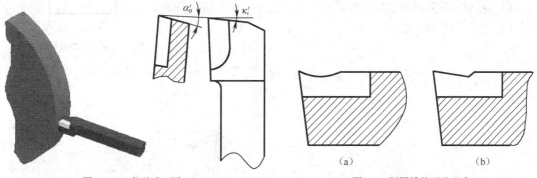

图 2.4　刃磨副后刀面　　　　　图 2.5　断屑槽的两种形式

刃磨断屑槽时，可以刀头朝下刃磨，如图 2.6（a）所示，或是刀头朝上刃磨，如图 2.6（b）所示，两种方法根据个人习惯或砂轮的状况而定，要注意刃磨时使车刀的主切削刃与砂轮的平面接触即可。选择刃磨断屑槽部位时，应考虑留出刀头倒棱的宽度。刃磨的起点位置应该与刀尖、主切削刃离开一定距离，防止主切削刃和刀尖被磨塌。

（1）为了增强粗车刀的强度，前角 γ_o 应取小一点，但不可过小，否则会增加切削力，如图 2.6（c）所示。

（2）在条件许可的情况下，精车刀应取较大前角 γ_o，以保持刀刃锋利，切削轻快。

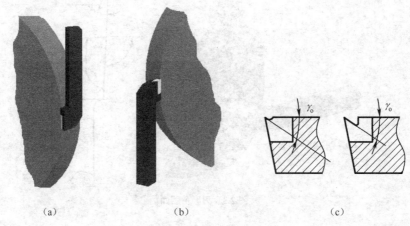

（a）　　　　　　（b）　　　　　　（c）

图 2.6　刃磨断屑槽

5. 其他

（1）为了增强粗车刀的强度，应在主切削刃上磨出倒棱（见图 2.7），倒棱宽度 $b_{\gamma 1}=（0.5\sim 0.8）f$，倒棱前角 $\gamma_{o1}=-10°\sim -5°$。

（2）为了增强刀刃的强度，改善散热条件，从而提高刀具的耐用度，应在刀尖处磨出过渡刃，过渡刃有直线型和圆弧型两种，其刃磨方法与精磨后刀面时相同。一般直线型过渡刃的长度为 $b_\varepsilon=0.5\sim 2mm$，偏角 $\kappa_{r\varepsilon}=0.5\kappa_r$。

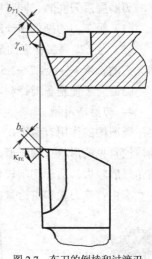

图 2.7　车刀的倒棱和过渡刃

二、课题实施

刃磨 90°外圆车刀（见图 2.8）和 45°外圆车刀（见图 2.9）。

（1）粗磨主后刀面和副后刀面。

（2）粗、精磨前刀面。

车刀的刃磨

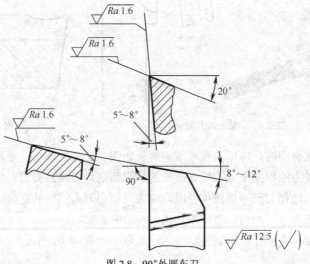

图 2.8　90°外圆车刀

（3）精磨主后刀面和副后刀面。

（4）在刀尖处磨出过渡刃。

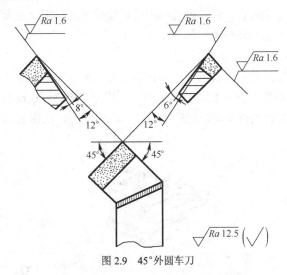

图2.9　45°外圆车刀

（1）刃磨高速钢车刀时，应及时冷却，以防刀刃退火，致使硬度降低。而刃磨硬质合金刀头车刀时，则不能把刀头部分置于水中冷却，以防刀片因骤冷而崩裂。

（2）磨刀时，不要用力过猛，防止打滑而伤手。

三、课题小结

在车床上主要依靠工件的旋转主运动和刀具的进给运动来完成切削工作，车刀角度的选择是否合理、车刀刃磨的角度是否正确，都会直接影响工件的加工质量和切削效率。因此，车工不仅要懂得切削原理和合理地选择车刀角度的有关知识，还必须熟练地掌握车刀的刃磨技能。

课题二　车削外圆和端面

加工轴类零件，主要是车削外圆和端面。轴类零件的精度要求比较高，加工时不仅要保证尺寸精度和表面粗糙度，还要保证轴的形状和位置精度达到图纸规定的要求。

技能目标

1. 掌握轴类零件的安装方法

2. 掌握轴类零件的车削方法

3. 掌握轴类零件的测量方法

一、基础知识

车刀和工件安装的正确与否，在车削过程中将直接关系到车削能否顺利进行和工件的加工质量。下面一起来学习一下怎样装夹车刀和工件。

（一）安装车刀

（1）车刀装夹在刀架上要保证其刚性，那么车刀伸出部分应尽量短，故伸出长度为刀柄厚度的 1～1.5 倍。调整车刀高度的垫片数量要尽可能少，并与刀架前面边缘对齐，只需用前面两个螺钉平整压紧，过松易引起松动或震动，过紧则易损坏压紧螺钉，如图 2.10 所示。

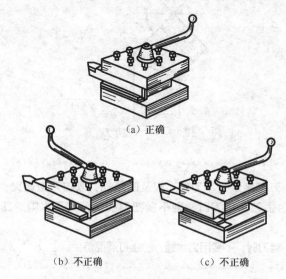

（a）正确

（b）不正确　　　　　　　（c）不正确

图 2.10　车刀的装夹

（2）车刀刀尖高度应与工件轴线等高，如图 2.11（a）所示。若车刀刀尖高于工件轴线，如图 2.11（b）所示，会使车刀的实际后角减小，车刀后刀面与工件接触，相互间的摩擦增大，会导致已加工表面粗糙。若车刀刀尖低于工件轴线，如图 2.11（c）所示，会使车刀的实际前角减小，切削阻力增大。刀尖高度与工件轴线不等高，车端面时，不能车平中心，会留有凸头；使用硬质合金车刀时，车到靠近中心处会使刀尖崩碎。

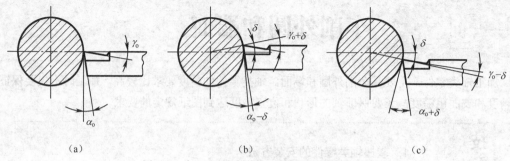

（a）　　　　　　　　　　（b）　　　　　　　　　　（c）

图 2.11　车刀刀尖和工件中心不同的三种情况图示

（3）安装车刀时，为了使车刀高度与工件轴线等高，一般采用下列装刀方法。

① 初次装刀，使车刀的刀尖与机床尾座顶尖的中心等高，如图 2.12（a）所示。

② 将车刀初装在刀架上，移动刀架靠近工件端面，目测车刀的高度与工件轴线等高，然后夹紧车刀，根据试车端面的情况再调整车刀高度。

③ 根据车床主轴轴线与某一平面的高度，使用钢直尺测量检查装刀，如图 2.12（b）所示。

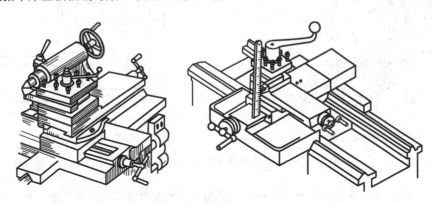

（a）使用机床尾座顶尖检查装刀　　　　（b）使用钢直尺检查装刀

图 2.12　车刀的安装检查

刀架压紧螺钉旋紧后，车刀高度可能发生变化，应再进行检查，以防出现误差。

（二）装夹工件

工件必须在机床夹具中定位正确和夹紧牢固，才能顺利加工工件。以轴类零件为例，介绍几种常见的轴类工件装夹方式。

1. 使用三爪卡盘安装工件

如图 2.13 所示，三爪卡盘安装工件能自动定心，装夹工件后一般不需找正。当工件较长时，距卡盘较远处的旋转中心不一定与车床主轴旋转中心重合，这时必须找正。如卡盘使用的时间已较长，磨损严重，精度下降，或工件加工部位的精度要求较高，则装夹工件时也需要找正。

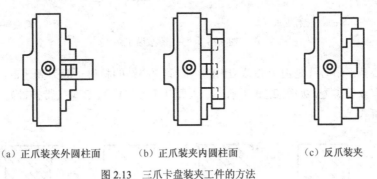

（a）正爪装夹外圆柱面　　　　（b）正爪装夹内圆柱面　　　　（c）反爪装夹

图 2.13　三爪卡盘装夹工件的方法

三爪（自动定心）卡盘装夹工件方便、省时，但夹紧力较小，所以适用于装夹外形规则的中小型内、外圆柱体工件。

三爪（自动定心）卡盘的卡爪可装成正爪或反爪两种形式，反爪用来装夹直径较大的工件。

2. 使用四爪卡盘安装工件

四爪卡盘的 4 个卡爪可以独立运动，因此工件装夹时必须将加工面的旋转中心找正，如图 2.14 所示，与车床主轴的旋转中心重合后方可车削。

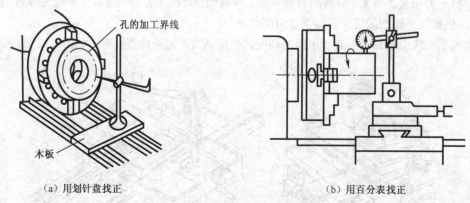

（a）用划针盘找正　　　　　　　　　　（b）用百分表找正

图 2.14　用四爪卡盘装夹工件的方法

四爪卡盘找正比较费时，但夹紧力较大，适用于装夹大型或形状不规则的工件。四爪卡盘同样可装成正爪或反爪两种形式，反爪用来装夹直径较大的工件。

3．用一夹一顶方法安装工件

对于粗大笨重的工件安装时，稳定性不够，切削用量的选择会受到限制，这时通常选用一端用卡盘夹住工件的外圆，另一端用顶尖支承来安装工件，即一夹一顶安装工件。

一夹一顶的装夹方法的定位是一端外圆表面和另一端的中心孔，为了防止工件的轴向窜动，通常在卡盘内装一个轴向限位支承，如图 2.15（a）所示。或在工件的被夹部位车一个 10～20mm 长的阶台，如图 2.15（b）所示，作为轴向限位支承。

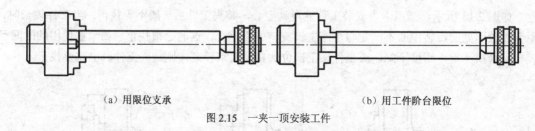

（a）用限位支承　　　　　　　　　　（b）用工件阶台限位

图 2.15　一夹一顶安装工件

（1）中心孔。中心孔是由中心钻钻出的，制造中心钻的材料一般为高速钢。

中心孔有 4 种类型，如图 2.16 所示，即 A 型（不带护锥）、B 型（带护锥）、C 型（带螺纹孔）和 R 型（带弧型）。

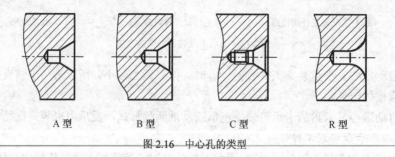

A 型　　　　　　B 型　　　　　　C 型　　　　　　R 型

图 2.16　中心孔的类型

常用的中心孔有 A 型和 B 型，其结构尺寸如图 2.17 所示。

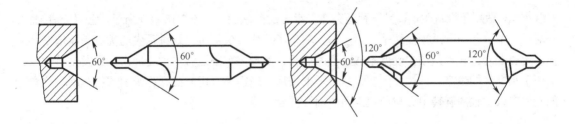

（a）A 型中心孔及中心钻　　　　　　　　　（b）B 型中心孔及中心钻

图 2.17　中心孔及中心钻

（2）钻中心孔的方法。在钻夹头上装夹中心钻——在尾座锥孔中安装钻夹头——找正尾座中心——选择转速——调整好车床拖板的位置——钻削中心孔。

（3）中心钻折断的原因及预防见表 2.1。

中心孔的加工工艺

提示

由于中心钻切削部分的直径很小，因此钻削时应取较高的转速（800～1000r/min），进给量应小而均匀。

表 2.1　　　　　　　　　　　　中心钻折断的原因及预防

原　　因	预　　防
中心钻轴线与工件旋转轴线不同轴，使中心钻受到一附加力而折断。这通常是由于车床尾座偏位，或装夹中心钻的钻夹头锥柄弯曲及与尾座套筒锥孔配合不准确而引起偏位等原因造成的	钻中心孔前必须严格找正尾座，使中心钻的轴线与工件旋转中心一致
工件端面没有车平，或中心处留有凸头，会使中心钻因为不能准确地定心而折断	钻中心孔处的端面必须平整
切削用量选择不合理，工件转速太低而中心钻进给太快	选择高速钻削中心孔，钻削时进给要均匀
中心钻磨钝后强行钻入工件	中心钻磨损后应及时修磨或调换
没有浇注充分的切削液或没有及时清除切屑，以致切屑堵塞而折断中心钻	钻中心孔时必须浇注充分的切削液，并及时清理切屑

（4）一夹一顶装夹工件的方法。手动夹紧工件外圆 8mm 左右——用回转顶尖支顶工件中心孔，锁紧尾座——转动尾座手轮，使工件向卡盘里轴向移动 2mm 左右——用加力杆夹紧工件——开动车床，观察回转顶尖是否跟转。

4．用两顶尖安装工件

对于较长或必须经过多道工序才能完成的轴类工件，为保证每次安装的定位精度，可采用两顶尖装夹。

（1）顶尖。顶尖的作用是定中心，承受工件的重量和切削时的切削力。顶尖分前顶尖和后顶尖两类。

① 前顶尖。前顶尖安装在卡盘上或主轴孔内，随主轴一起旋转，与中心孔无相对运动，因而不产生摩擦。前顶尖有两种类型，一种是插入主锥孔内的前顶尖，如图 2.18（a）所示。这种顶尖

安装牢靠，适用于批量生产。另一种是夹在卡盘上的前顶尖，如图 2.18（b）所示，它用一般钢材，一端车一个阶台与卡爪平面贴平夹紧，另一端车 60°作顶尖即可。这种顶尖的优点是制造安装方便，定心准确；缺点是顶尖硬度不够，容易磨损、变形，车削过程中如受冲击，易发生移位，只适用于小批量的生产。这种顶尖在卡盘上拆下来后，当需要再用时必须将锥面重新车削，这样才能确保车床主轴的旋转中心与顶尖锥面的轴线重合。

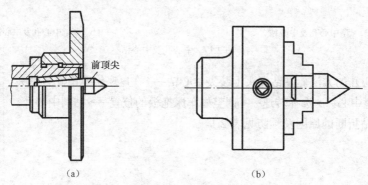

图 2.18　前顶尖

② 后顶尖。插入尾座套筒锥孔中的顶尖叫后顶尖，后顶尖又分为固定顶尖 [见图 2.19（a）和图 2.19（b）] 及回转顶尖 [见图 2.19（c）] 两种。固定顶尖有普通固定顶尖和硬质合金固定顶尖。

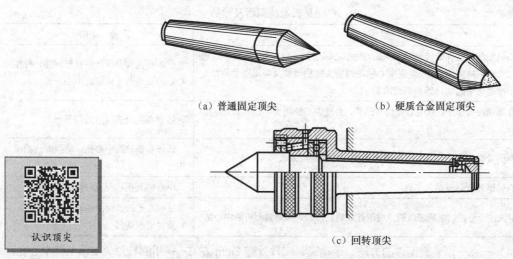

（a）普通固定顶尖　　　　　（b）硬质合金固定顶尖

认识顶尖

（c）回转顶尖

图 2.19　后顶尖

固定顶尖的优点是定心准确、刚性好，切削时不易产生震动。固定顶尖的缺点是中心孔与顶尖产生相对滑动，易产生高热，常会把中心孔或顶尖烧坏。固定顶尖一般适用于低速切削。目前大都用硬质合金制作，这种顶尖在高速旋转下不易损坏，但摩擦后产生高热的情况仍然存在，会使工件发生热变形。

提示　　　　使用固定顶尖时，顶尖和中心孔接触松紧要适宜，并在中心孔内加入润滑油脂，减小摩擦，降低温度。

为了避免后顶尖与工件之间的摩擦，目前大都采用回转顶尖。以回转顶尖内部的滚动摩擦代替顶尖与工件中心孔的滑动摩擦，这样既能承受高速，又可消除滑动摩擦产生的高温。回转顶尖的缺点是定心精度和刚性稍差。

（2）两顶尖装夹工件的方法。

① 先分别安装前、后顶尖，然后向床头方向移动尾座，对准前、后顶尖中心，根据工件的长度调整好尾座位置并紧固，如图 2.20 所示。

② 用鸡心夹头 [见图 2.21（a）] 或平行对分夹头 [见图 2.21（b）] 夹紧工件一端的适当部位，拨杆伸出轴端 [见图 2.21（c）]，因两顶尖对工件只起定心和支撑作用，故必须通过对分夹头或鸡心夹头的拨杆来带动工件旋转。

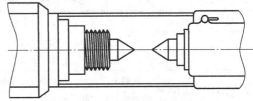

图 2.20 校正尾座与主轴对中心

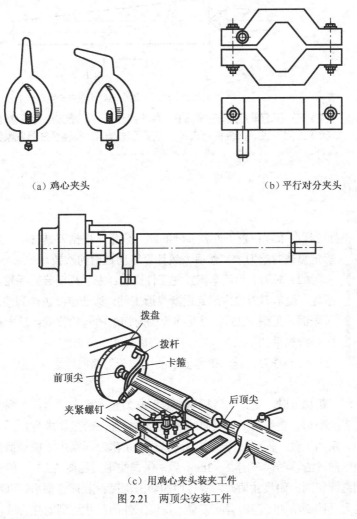

（a）鸡心夹头　　　　　　　　　　　　（b）平行对分夹头

拨盘

拨杆

卡箍

前顶尖

后顶尖

夹紧螺钉

（c）用鸡心夹头装夹工件

图 2.21 两顶尖安装工件

③ 用左手托起工件将来有鸡心夹头的一端中心孔放置在前顶尖上，并使拨杆贴近卡盘卡爪或插入拨盘的凹槽中，以通过卡盘（或拨盘）来带动工件旋转。

④ 右手转动尾座手轮，使后顶尖顶入工件尾端中心孔，其松紧程度以工件可以灵活转动又没

有轴向窜动为宜；如果后顶尖用固定顶尖支顶，则应加润滑油，然后将尾座套筒的锁紧手柄压紧。

（3）一夹一顶装夹工件的方法与两顶尖装夹工件的方法对比见表2.2。

表2.2　　　　　　　　　一夹一顶装夹方法和两顶尖装夹方法的对比

装夹方法	优　　点	缺　　点
一夹一顶装夹工件	装夹比较安全、可靠，能承受较大的轴向切削力，因此它是车工常用的装夹方法之一	对于相互位置精度要求较高的工件，在调头车削时，找正较困难
两顶尖装夹工件	安装工件方便，不需找正，定位精度高，车削的各挡外圆之间同轴度好	刚性较差，对粗大笨重工件，安装时稳定性不够，切削用量不能提高

 注意

（1）使用一夹一顶和使用两顶尖装夹工件时要注意后顶尖的中心线应在车床主轴轴线上，否则车出的工件会产生锥度，如图2.22所示。

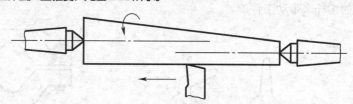

图2.22　后顶尖的中心线不在车床主轴线上

（2）在不影响车刀切削的情况下，为增加刚度，减少震动，尾座套筒应尽量伸出短一些。

（3）采用一夹一顶装夹方法时，在加工过程中，要密切注意观察回转顶尖是否跟转。

二、课题实施

（一）车外圆

（1）准备。根据图样要求，检查工件各部分的加工余量，根据刀具材料、角度、加工要求，确定每次背吃刀量，然后大致计算纵向进给的次数。

外圆的车削要领

（2）对刀。启动车床，使工件旋转；左手摇动床鞍手轮，右手摇动中滑板手轮，使车刀刀尖由远处逐渐靠近工件，移动速度由快到慢，轻轻地接触待加工表面（见图2.23），以此作为确定切削的起始位置；反向摇动床鞍手轮（此时中滑板手柄不动），使车刀向右离开3～5mm。

（3）进刀。摇动中滑板手柄，使车刀横向进给（见图2.24），其进给量为背吃刀量。

（4）正常切削。粗加工时，通过中滑板调节好背吃刀量，纵向进给，车削外圆，到阶台处，横向退刀，经过多次车削，直到被加工表面的尺寸达到精加工余量要求为止。

（5）试切削。精加工时，根据图样要求，计算加工余量，摇动中滑板手柄横向进给到所需刻度，然后车刀做纵向进给移动，车削2～3mm后，纵向快退（见图2.25），停车测量。如尺寸符合图样要求，则继续切削；如尺寸偏大，则再增加切削深度；若尺寸偏小，则应减小切削深度。试切削的目的是为了控制精加工时的背吃刀量，保证工件的尺寸达到图样要求。

（二）车削端面

车端面的步骤：开动车床使工件旋转——端面对刀——退中滑板——大滑板或小滑板做微量进给——中滑板横向进给车削端面。

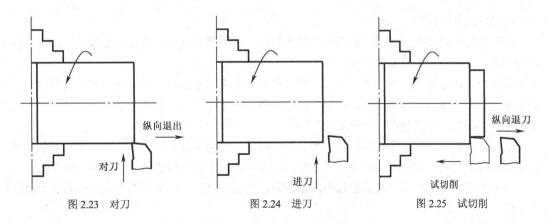

图 2.23　对刀　　　　　　　　图 2.24　进刀　　　　　　　　图 2.25　试切削

（1）用 45° 车刀车削端面，如图 2.26（a）所示。

（2）用左偏刀车削端面，如图 2.26（b）所示。左偏刀车削端面是用主切削刃切削的，它的主偏角 $\kappa_r=90°$，因此刀尖强度和散热条件好，车刀不易损坏，适用于车削铸、锻件的大平面。

（3）用右偏刀车削端面。用右偏刀车削端面时，如果车刀由工件外缘向中心进给，则是副切削刃切削，如图 2.26（c）所示。一旦切削深度较大时，切削力的方向指向工件端面，把车刀"拉"入工件，形成凹面，严重时会损伤刀具和工件。为防止产生凹面，可由中心向外缘进给，用主切削刃切削，如图 2.26（d）所示。此时，切削深度要小，但端面的表面质量较好。

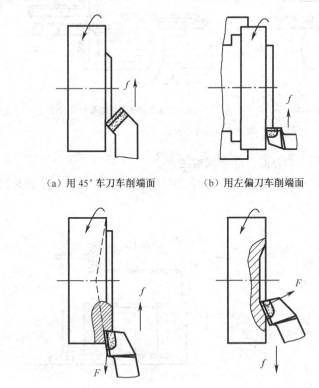

（a）用 45° 车刀车端面　　　　（b）用左偏刀车削端面

端面的车削要领

（c）用右偏刀由外缘向中心进给　　（d）用右偏刀由中心向外缘进给

图 2.26　车端面的方法

（三）车削阶台

车阶台时不仅要车削外圆，还要车削环形端面。既要保证外圆和阶台面长度尺寸，又要保证阶台平面与工件轴线的垂直度要求。

车阶台时，通常选用 90° 外圆偏刀。车刀的安装角度应根据粗、精车来调整。粗车时为了减少刀尖的压力，增加刀具强度，车刀安装时主偏角可小于 90°；精车时为了保证阶台端面和轴线垂直度，主偏角应大于 90°，一般为 93° 左右。

车削阶台时，一般分粗、精加工，准确控制阶台长度的关键是按图样选择正确的测量基准，若基准选择不当，将造成积累误差而产生废品。通常控制阶台长度的尺寸有以下几种方法。

（1）刻线法。先用钢直尺或游标卡尺量出阶台的长度尺寸，用车刀刀尖在阶台的所在位置车出细线，然后再车削。

（2）用挡铁控制阶台长度。在批量生产阶台轴时，为了准确迅速地掌握阶台长度，可用挡铁定位来控制。

（3）用床鞍纵向进给刻度盘控制阶台长度。根据阶台长度计算出床鞍进给时刻度盘手柄应转动的格数。

（四）检测阶台工件

（1）阶台长度可以用钢直尺、游标卡尺或深度游标卡尺进行测量，如图 2.27 所示。

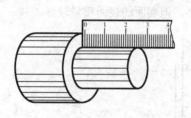
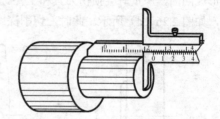

（a）用钢直尺测量阶台长度　　　　　（b）用深度游标卡尺测量阶台长度

图 2.27　测量阶台长度的方法

（2）平面度和直线度误差可用刀口形直尺和塞尺检测。

（3）端面、阶台平面对工件轴线的垂直度误差可用 90° 角尺 ［见图 2.28（a）］或标准套和百分表 ［见图 2.28（b）］检测。

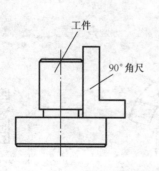
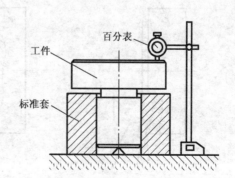

（a）用 90° 角尺检测垂直度　　　　　（b）用标准套和百分表检测垂直度

图 2.28　测量垂直度的方法

三、拓展训练

训练一 根据图 2.29 所示尺寸和表 2.3 加工数据进行操作训练。

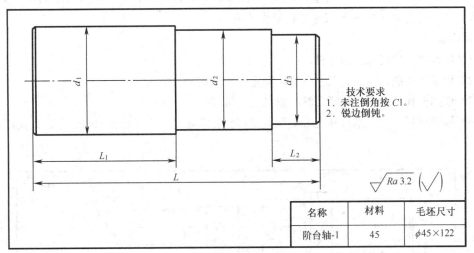

技术要求
1. 未注倒角按 $C1$。
2. 锐边倒钝。

$\sqrt{Ra\,3.2}$ $\sqrt{}$

名称	材料	毛坯尺寸
阶台轴-1	45	$\phi45\times122$

图 2.29 阶台轴-1

表 2.3   加工数据

次数	d_1	d_2	d_3	L	L_1	L_2
1	$\phi44\pm0.15$	$\phi40\pm0.15$	$\phi36\pm0.15$	120 ± 0.20	60 ± 0.20	20 ± 0.20
2	$\phi42\pm0.15$	$\phi38\pm0.15$	$\phi34\pm0.15$	118 ± 0.20	58 ± 0.20	22 ± 0.20
3	$\phi40\pm0.10$	$\phi36\pm0.10$	$\phi32\pm0.10$	116 ± 0.15	56 ± 0.15	24 ± 0.15
4	$\phi38\pm0.10$	$\phi34\pm0.10$	$\phi30\pm0.10$	114 ± 0.15	54 ± 0.15	25 ± 0.15
5	$\phi36\pm0.08$	$\phi32\pm0.08$	$\phi28\pm0.08$	112 ± 0.11	52 ± 0.12	26 ± 0.12

【操作步骤】

（1）备料，毛坯尺寸为 $\phi45\times122$。

（2）识读零件图，并进行工艺分析，确定操作步骤。

（3）根据操作要求合理选择刀具、量具、工具等。

（4）根据材料，用三爪自动定心卡盘夹持毛坯外圆 $\phi45$，伸出长度 70mm 左右，找正夹紧。

（5）粗、精车左端面。

（6）粗、精车外圆 $\phi44\pm0.15$，至尺寸要求。

（7）倒角。

（8）调头夹持 $\phi44\pm0.15$ 外圆，伸出长度 70mm 左右，找正夹紧。

（9）粗、精车左端面，保证总长 120 ± 0.20mm。

（10）粗车 $\phi40\pm0.15$ 外圆、$\phi36\pm0.15$ 外圆，留精车余量 0.3～0.5mm。

（11）精车 $\phi40\pm0.15$ 外圆、$\phi36\pm0.15$ 外圆至尺寸要求。

（12）倒角、去锐边。

（13）检查。

阶台的车削要领

表2.3中第2次训练到第5次训练的操作步骤和上述步骤相同。

训练二　根据图2.30所示尺寸进行操作训练。

【操作步骤】

（1）用训练一中已加工的工件。

（2）识读零件图，并进行工艺分析，确定操作步骤。

（3）根据操作要求合理选择刀具、量具、工具等。

（4）根据材料，用三爪自动定心卡盘夹持ϕ25毛坯外圆，伸出长度80mm左右，找正夹紧。

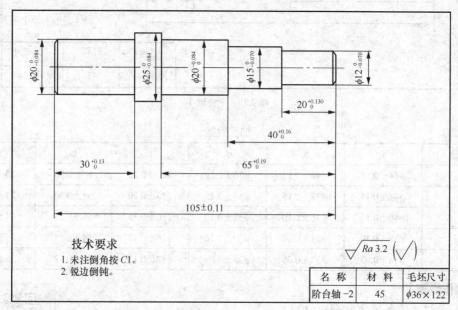

技术要求

1. 未注倒角按C1。
2. 锐边倒钝。

$\sqrt{Ra\,3.2}$ $\sqrt{}$ $(\sqrt{})$

名　称	材　料	毛坯尺寸
阶台轴-2	45	ϕ36×122

图2.30　阶台轴-2

（5）粗、精车左端面。

（6）粗车外圆ϕ25$_{-0.084}^{0}$、外圆ϕ20$_{-0.084}^{0}$、外圆ϕ15$_{-0.070}^{0}$、外圆ϕ12$_{-0.070}^{0}$尺寸，各留精车余量0.3～0.5mm。

（7）精车外圆ϕ25$_{-0.084}^{0}$、外圆ϕ20$_{-0.084}^{0}$、外圆ϕ15$_{-0.070}^{0}$、外圆ϕ12$_{-0.070}^{0}$，车至尺寸要求。

（8）倒角、去锐边。

（9）调头夹持ϕ20$_{-0.084}^{0}$外圆，找正夹紧。

（10）粗、精车左端面，保证总长105±0.11mm。

（11）粗车左端ϕ20$_{-0.084}^{0}$外圆，留精车余量0.3～0.5mm。

（12）精车ϕ20$_{-0.084}^{0}$外圆至尺寸要求。

（13）倒角、去锐边。

（14）检查。

（1）车削端面时，工件表面留有凸头，原因是刀尖没有对准工件中心，偏高或是偏低。

（2）端面不平有凹凸，产生原因有车削时进刀过深、车刀磨损、滑板移动、刀架和车刀紧固力不足等。

（3）车外圆进中滑板刻度时，如果多进了刻度，一定要注意消除空行程，而不是简单地退刻度。

（4）切削时应该先开车床，再进刀，切削完毕后要先退刀，再停车，否则会损坏刀具。

（5）松紧工件以后，要及时取下卡盘扳手，防止造成事故。

四、课题小结

在本课题中，介绍了装夹工件和车刀的方法，讲解了车削轴类零件时控制尺寸和测量的方法以及相关注意事项。介绍了车削外圆和端面的方法，并通过技能训练强化练习了外圆和端面的车削。外圆和端面的车削是车前加工中常见的、基本的加工，应重点练习，打好基础。

课题三 车槽和车断

技能目标

1. 掌握刃磨车槽刀和车断刀的方法
2. 掌握车削矩形槽的方法
3. 掌握车断工件的方法

任务一 车槽

在工件上车各种形状的槽叫车沟槽，外圆和平面上的沟槽叫外沟槽，内孔的沟槽叫内沟槽。

沟槽的形状和种类较多，常用的沟槽有矩形沟槽［见图2.31（a）］、圆弧形沟槽［见图 2.31（b）］、梯形沟槽［见图2.31（c）］等。矩形沟槽的作用通常是使装配的零件有正确的轴向位置，在磨削、车螺纹、插齿等加工过程中便于退刀。

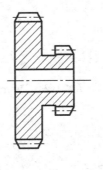 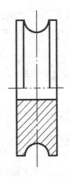 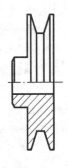

（a）矩形沟槽　　　　（b）圆弧形沟槽　　　　（c）梯形沟槽

图 2.31　常见的外沟槽

一、基础知识

车槽刀的基本知识

1. 车槽刀的几何角度（见图 2.32）

（1）前角（γ_o）。$\gamma_o = 5° \sim 20°$。

（2）主后角（α_o）。$\alpha_o = 6° \sim 8°$。

（3）副后角（α_o'）。$\alpha_o' = 1° \sim 3°$。

（4）主偏角（k_r）。$k_r = 90°$。

（5）副偏角（k_r'）。$k_r' = 1° \sim 1.5°$。

内沟槽的主要类型

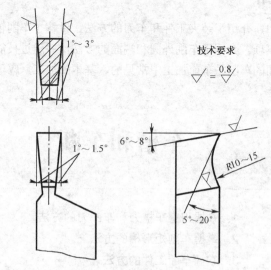

图 2.32　车槽刀的几何角度

2. 主切削刃宽度（a）

主切削刃太宽时会因切削力太大而震动，同时浪费材料；太窄又会削弱刀体强度，车削时易造成车刀的折断，因此，主切削刃宽度要合理选取。主切削刃宽度的经验公式为

$$a \approx (0.5 \sim 0.6)\sqrt{d}$$

式中：a——主切削刃宽度，mm；

　　　d——工件待加工表面直径，mm。

3. 刀体长度（L）

刀体长度选取的经验公式为

$$L = h + (2 \sim 3)\text{mm}$$

式中：L——刀体长度，mm；

　　　h——切入深度，mm。

4. 卷屑槽

卷屑槽不宜磨得太深，一般为 0.75 ~ 1.5mm，卷屑槽磨得太深时，刀头强度差，容易折断。更不能把前面磨得低或磨成阶台形，这种刀加工时会切削不顺利，排屑困难，切削负荷大增，刀头容易折断。

二、任务实施

（一）刃磨车槽刀

（1）粗磨主后刀面。

（2）粗磨左侧面后刀面，同时磨出左侧面后角和副偏角。

（3）粗磨右侧面后刀面，同时磨出右侧面后角和副偏角。

（4）粗、精磨前刀面，同时磨出前角。

（5）精磨主后刀面。

（6）精磨左侧面后刀面。

（7）精磨右侧面后刀面。

（8）精磨两侧过渡刃。

（二）装夹车槽刀

（1）车槽刀不宜伸出过长，同时车槽刀的中心线必须装得与工件中心线垂直，以保证两个副偏角对称。

（2）车槽刀必须装得与工件中心等高，否则车槽刀的主后面会与工件摩擦，造成切削困难，严重时会折断车槽刀。

（三）车槽

（1）车削精度不高的和宽度较窄的矩形沟槽，可以用刀宽等于槽宽的车槽刀，采用直进法一次进给完成车削。精度要求较高的沟槽，一般采用二次进给完成车削。即第 1 次进给车沟槽时，槽壁两侧留精车余量，第 2 次进给时用等宽刀修整。

（2）车削较宽的沟槽，可以采用多次直进法切割，并在槽壁两侧留一定的精车余量，然后根据槽深、槽宽精车至尺寸。

（3）车削较小的圆弧形沟槽，一般用成形刀车削完成；较大的圆弧形沟槽，可用双手联动车削，用样板检查修整。

（4）车削较小的梯形沟槽，一般用成形刀车削完成；较大的梯形沟槽，通常先车直槽，后用梯形刀直进法或左右切削法完成。

（四）检测沟槽

精度要求低的沟槽，采用游标卡尺测量。精度要求较高的沟槽，用外径千分尺、塞规检查测量。

（1）车槽刀主刀刃和轴心线要平行，否则车成的沟槽槽底一侧直径大，另一侧直径小，呈竹节形。

（2）要防止槽底与槽壁相交处出现圆角和槽底中间尺寸小，靠近槽壁两侧直径大。

（3）槽壁与槽底产生小阶台，主要原因是接刀不当。

（4）合理选择转速和进给量。

三、拓展训练

训练一　根据图 2.33 所示尺寸进行操作训练。

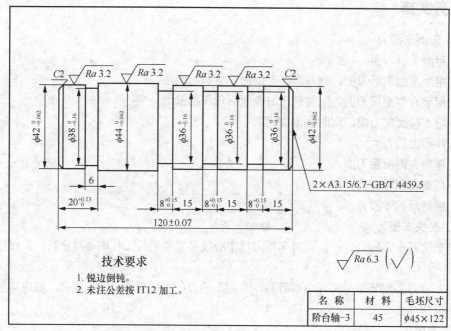

图 2.33　阶台轴-3

【操作步骤】

（1）备料，毛坯尺寸为 $\phi45\times122$。

（2）识读零件图，并进行工艺分析，确定操作步骤。

（3）根据操作要求合理选择刀具、量具、工具等。

（4）根据材料，用三爪自定心卡盘夹持 $\phi45$ 毛坯外圆，伸出长度 30mm 左右，找正夹紧。

（5）粗、精车左端面，钻中心孔 A3。

（6）一夹一顶装夹，伸出长度 110mm 左右，找正夹紧。

（7）粗车 $\phi44_{-0.062}^{\ 0}$ 外圆、$\phi42_{-0.062}^{\ 0}$ 外圆，各留精车余量 0.3～0.5mm，同时调整尾座，使主轴轴线和尾座轴线一致。

（8）精车 $\phi44_{-0.062}^{\ 0}$ 外圆、$\phi42_{-0.062}^{\ 0}$ 外圆，车至尺寸要求。

（9）车槽 $\phi36_{-0.16}^{\ 0}\times8_{\ 0}^{+0.15}$，车至图样尺寸。

（10）倒角、去锐边。

（11）调头夹持 $\phi42_{-0.062}^{\ 0}$ 外圆，找正夹紧。

（12）粗、精车左端面，保证总长 120±0.07mm。

（13）粗、精车 $\phi42_{-0.062}^{\ 0}$ 外圆至尺寸要求。

（14）车槽 $\phi38_{-0.16}^{\ 0}\times6$，车至图样尺寸。

（15）倒角、去锐边。

（16）检查。

训练二　根据图 2.34 所示尺寸进行操作训练。

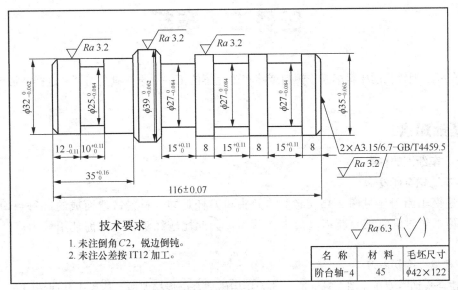

图2.34　阶台轴-4

【操作步骤】

（1）用训练一已加工的工件。

（2）识读零件图，并进行工艺分析，确定操作步骤。

（3）根据操作要求合理选择刀具、量具、工具等。

（4）根据材料，用三爪自定心卡盘夹持左端$\phi42$外圆，一夹一顶装夹。

（5）精车$\phi39_{-0.062}^{0}$外圆、$\phi35_{-0.062}^{0}$外圆，车至尺寸要求。

（6）车槽$\phi27_{-0.084}^{0}\times15_{0}^{+0.11}$，车至图样尺寸。

（7）倒角、去锐边。

（8）调头夹持$\phi35_{-0.062}^{0}$外圆，找正夹紧。

（9）精车左端面，保证总长116 ± 0.07mm。

（10）精车$\phi32_{-0.062}^{0}$外圆至尺寸要求。

（11）车槽$\phi25_{-0.084}^{0}\times10_{0}^{+0.11}$，车至图样尺寸。

（12）倒角、去锐边。

（13）检查。

四、任务小结

本任务讲解了车槽刀的几何角度及刃磨方法，学习了槽的车削方法，并了解车槽时可能产生的问题和防止的方法。

任务二　车断

在车床上把较长的棒料车断成短料或将车削完毕的工件从原材料上切下，这样的加工方法叫作车断。

一、基础知识

（一）车断刀的种类

1. 高速钢车断刀

高速钢车断刀［见图 2.35（a）］的刀头与刀杆是同一材料锻造而成的，每当切断刀损坏后，可以经过锻打或重新刃磨后再次使用，因此比较经济，是目前使用较为广泛的一种刀具。

2. 硬质合金切断刀

硬质合金切断刀［见图 2.35（b）］的刀头用硬质合金焊接而成，适用于高速切削。

3. 弹性切断刀

为了节省高速钢，切断刀做成片状，再装夹在弹簧刀杆内，如图 2.35（c）所示。这种切断刀既节省材料，又富有弹性，当进刀过多时，刀头在弹性刀杆的作用下会自动产生让刀，这样就不容易 "扎刀" 而折断刀头。

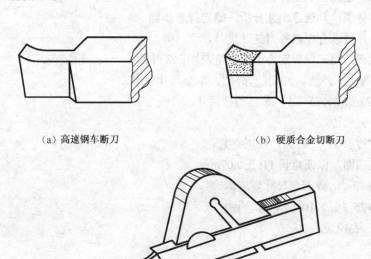

（a）高速钢车断刀　　　　　　　　　（b）硬质合金切断刀

（c）弹性切断刀

图 2.35　车断刀

（二）为使切断工件顺利进行而采取的措施

（1）控制切屑形状和排屑方向。切屑形状和排屑方向对切断刀的使用寿命、工件的表面粗糙度及生产率都有很大的影响。理想的切屑是呈直带状从工件槽内流出的，然后再卷成"圆锥形螺旋""垫圈形螺旋"或"发条状"，才能防止"扎刀"。

（2）卷屑槽的大小和深度要根据进给量和工件直径的大小来决定，进给量大，卷屑槽要相应增大；进给量小，卷屑槽要相应减小，否则切屑极易呈长条状缠绕在车刀和工件上，产生严重后果。

（三）减少震动和防止刀体折断的方法

1. 减少切断震动的措施

（1）适当加大前角，但不能过大，一般应控制在 20°以下，使切削力减小。同时适当减小后角，防止工件产生震动。

（2）在车断刀主切削刃中间磨 $R0.5mm$ 左右的凹槽，这样不仅能起消震作用，并能起导向作用，保证切断的平直性。

（3）大直径工件宜采用反车断法，既可防止震动，排屑也方便。

（4）选用适宜的主切削刃宽度，主切削刃宽度狭窄，使切削部分强度减弱；主切削刃宽度宽，切断阻力大容易引起震动。

（5）改变刀柄的形状，增大刀柄的刚性，刀柄下面做成"鱼肚形"，可减弱或消除切断时的震动现象。

2. 防止刀体折断的方法

（1）增强刀体强度，车断刀的副后角或副偏角不要过大，其前角亦不宜过大，否则容易产生"扎刀"，致使刀体折断。

（2）车断刀应安装正确，不得歪斜或高于或低于工件中心太多。

（3）车断毛坯工件前，应先车外圆，在开始和车断时应尽量减小进给量。

（4）手动进给车断时，摇手柄应连续、均匀，若切削中必须停车时，应先退刀、后停车。

二、任务实施

（一）车断刀的装夹

（1）车断实心工件时，车断刀的主刀刃必须严格对准工件旋转中心，刀头中心线与轴心线垂直。

（2）为了增强车断刀的刚性，刀杆不宜伸出太长，以防震动。

（3）刀头中心线必须装得与工件轴线垂直，以保证两副偏角相等。

（二）切断方法

（1）用直进法车断工件［见图 2.36（a）］。该方法是指垂直于工件轴线方向进给车断，这种方法加工效率高，但对车床的刚性、车断刀的刃磨角度、工件的装夹都有较高的要求，否则容易造成刀头折断。

（2）左右借刀法车断工件［见图 2.36（b）］。在切削系统（刀具、工件、车床）刚性不足的情况下，可采用左右借刀法车断工件，这种方法是指车断刀在轴线方向反复地往返移动，随之两侧径向进给，直至工件车断。

（3）反切法车断工件［见图 2.36（c）］。反切法是指工件反转，车刀反向装夹，这种车断方法宜用于较大直径的工件。当反切削时，作用在工件上的切削力与主轴重力方向一致，因此主轴不容易产生上下跳动，所以车断工件比较平稳；切屑从下面流出，不会堵塞在切割槽中，因而能比较顺利地切削。

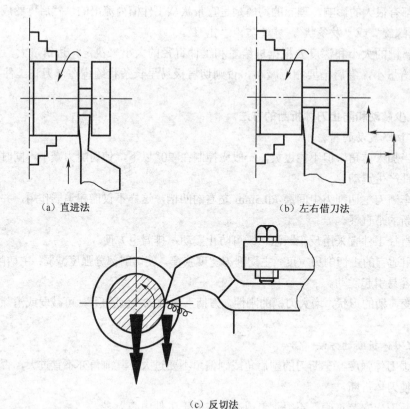

（a）直进法　　　　　　　　　　（b）左右借刀法

（c）反切法

图 2.36　车断工件的 3 种方法

三、拓展训练

根据图 2.37 所示尺寸进行操作训练。

【操作步骤】

（1）备料，毛坯尺寸为 $\phi28\times100$。

（2）识读零件图，并进行工艺分析，确定操作步骤。

（3）根据操作要求合理选择刀具、量具、工具等。

（4）根据材料，用三爪自动定心卡盘夹持毛坯外圆 $\phi28$，伸出长度 70mm 左右，找正夹紧。

（5）粗、精车右端面。

（6）粗、精车 $\phi25_{-0.052}^{0}$ 外圆至尺寸要求。

（7）调头装夹，车端面 $\phi25_{-0.052}^{0}$ 外圆至尺寸要求。

（8）去锐边。

（9）车断厚度尺寸 9mm。

（10）相同方法车断若干片。

（11）调头夹持，找正夹紧，保证总长 8 ± 0.075mm。

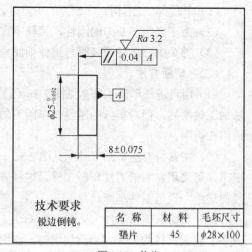

技术要求

锐边倒钝。

名　称	材　料	毛坯尺寸
垫片	45	$\phi28\times100$

图 2.37　垫片

（12）去锐边。

　　（1）手动进给车断工件时，摇动手柄应连续均匀，避免因摩擦和加工硬化现象而加剧刀具磨损。
　　（2）用卡盘装夹工件时，车断位置应尽量靠近卡盘，减小震动。
　　（3）用一夹一顶方法装夹工件车断时，在工件即将车断之前，应卸下工件后再敲断。
　　（4）为避免出现工件车断的瞬间飞出伤人，酿成事故，车断时不准用两顶尖装夹工件。

四、任务小结

　　本任务讲解了车断刀的几何角度及刃磨方法，学习了车断工件的方法，了解车断时可能产生的问题和防止的方法。

课题四　认识麻花钻刃磨及钻孔

　　前面的课题已经学习了外圆柱的加工，内圆柱面也是零件的重要组成部分，如轴套、齿轮等。一般加工内圆柱面是通过钻孔、车孔、扩孔、铰孔等实现的。

技能目标

1. 正确刃磨、安装钻头，合理选择切削用量
2. 掌握钻孔的方法和要领
3. 了解扩孔钻的种类、特点以及扩孔方法

一、基础知识

　　钻孔是用钻头在实体材料上加工孔的方法，钻孔属于粗加工。

　　1. 麻花钻的材料

　　制作麻花钻常见的材料为高速钢，为了适应高速切削的要求，镶硬质合金、可转位硬质合金刀片的麻花钻也出现了。

　　2. 麻花钻的组成

　　麻花钻的基本形状有锥柄麻花钻［见图2.38（a）］和直柄麻花钻［见图2.38（b）］2种。

　　（1）工作部分。

　　工作部分由切削部分和导向部分组成，分别起切削和导向作用。

　　（2）颈部。

　　颈部在锥柄麻花钻中，起连接工作部分和柄部的作用，一般在颈部标注生产厂家、商标、钻头直径、材料牌号等。

　　（3）柄部。

　　柄部起装夹麻花钻的作用。

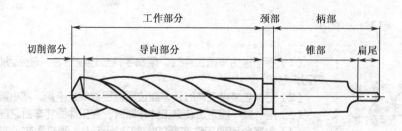

（a）锥柄麻花钻

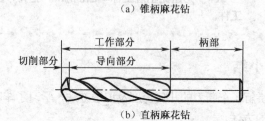

（b）直柄麻花钻

图 2.38　麻花钻的组成

麻花钻的组成

　　一般直径小于$\phi13$的钻头是直柄麻花钻，其柄部标注商标、钻头直径、材料牌号等。

　　锥柄麻花钻由莫氏标准锥体和扁尾组成，分别起安装和松卸麻花钻的作用。莫氏锥柄号与钻头直径的对应关系见表 2.4。

表 2.4　　　　　　　　　　　　锥柄麻花钻直径与莫氏锥柄的关系

莫氏锥柄号	1	2	3	4	5	6
钻头直径（mm）	$\phi3\sim\phi14$	$>\phi14\sim\phi23.5$	$>\phi23.5\sim\phi31.75$	$>\phi31.75\sim\phi50$	$>\phi50\sim\phi76$	$>\phi76\sim\phi80$

　　3．麻花钻工作部分的几何形状

　　麻花钻的切削部分如图 2.39 所示。

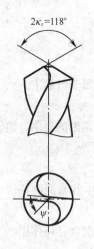

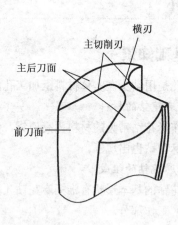

麻花钻切削部分
的结构

图 2.39　麻花钻的几何形状

　　（1）顶角 $2\kappa_r$。

　　麻花钻有两条对称的主切削刃，在与钻头轴线平行的平面上的投影呈现的角度，就是顶角。标准麻花钻的主切削刃是直线，顶角 $2\kappa_r=118°$。

（2）横刃斜角 ψ。

横刃是两主切削刃连接处的一小段直线。钻削时有 1/2 以上的轴向力是因横刃产生的。横刃太短会影响麻花钻的钻尖强度，横刃太长，会使轴向力增加。

横刃斜角 ψ 是横刃与主切削刃在端面上投影的夹角。

横刃的长度和角度与后角有关，后角大，横刃长，横刃斜角 ψ 小；反之，后角小，横刃短，横刃斜角 ψ 大。横刃斜角 ψ 一般取 $55°$。

（3）前角 γ_o。

前角是在正交平面 P_o 内前面与基面 P_r 的夹角。麻花钻的前角与多种因素有关，前角从主切削刃边缘处向中心处逐渐变化，由大到小，从 $30°\sim-30°$。

（4）后角 α_o。

后角是在正交平面内测量的后面与切削平面的夹角。麻花钻的后角变化不大，由外向内，$8°\sim14°$。

4．刃磨麻花钻的要求

（1）主切削刃对称。

钻头钻孔主要由两主切削刃完成，一旦不对称，两刃受力不平衡，会导致钻头歪斜，钻出的孔径扩大，轴线倾斜。

（2）顶角角度正确。

顶角的大小影响钻头前端的强度和轴向抗力。顶角大，强度大，轴向抗力大。刃磨时，可根据材料、零件结构等特点，选择合适的顶角角度；如顶角偏小，则主切削刃是凸弧线；如顶角偏大，则主切削刃则是凹弧线，如图 2.40 所示。

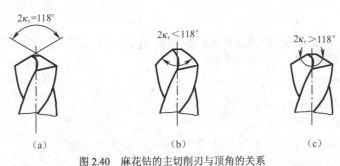

图 2.40　麻花钻的主切削刃与顶角的关系

（3）后角适当。

后角过小，刀刃不锋利，钻孔困难；后角过大，横刃斜角小，横刃变长，影响另一切削刃。

5．钻孔

（1）选用麻花钻。

① 选用直径合适的钻头。对于尺寸的精度要求 IT11～IT12，表面粗糙度值达到 $Ra12.5\sim Ra25$ 的孔，根据孔的直径，可以用钻头直接钻出，无须进一步加工。而高于以上精度的内孔，需要通过钻孔、车孔等加工才能完成，应根据零件图样的要求，相应选择比孔的直径小 $2\sim3mm$ 的钻头。

② 选用长度合适的钻头。钻头的长度过长，刚性差，钻孔时易产生晃动，导致钻孔直径偏大；钻头的长度过短，排屑困难。一般钻头工作部分的长度比孔深长 20mm 即可。

（2）安装钻头。

① 直柄麻花钻。用钻夹头装夹麻花钻，将钻夹头的锥柄插入车床尾座锥孔，如图 2.41（a）

所示。

② 锥柄麻花钻。根据麻花钻本身的莫氏锥柄号和车床尾座锥孔号，通过加装莫氏变径套或直接插入车床尾座锥孔，如图 2.41（b）所示。

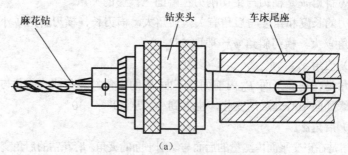

(a)

麻花钻的选用

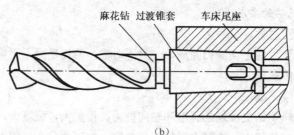

(b)

图 2.41　安装直柄、锥柄麻花钻方法

提示　安装钻头前，用纱布擦净内、外锥体；安装时，注意钻头的扁尾与车床尾座锥孔内的凹槽要一致，才能安装牢固。

（3）选择钻孔切削用量。

① 切削速度 v_c。

钻孔的切削速度指麻花钻主切削刃外边缘处相对孔的瞬时线速度。

计算主轴转速 n 的公式

$$n = \frac{1000v_c}{D\pi}$$

式中：v_c——切削速度，m/min。用高速钢钻头钻钢件，切削速度一般取 15～30m/min；用硬质合金钻头钻钢件，切削速度一般取 60～100m/min；扩孔时，切削速度还可以高一些；

　　　　D——钻头的直径，mm；

　　　　n——主轴的转速，r/min。

② 背吃刀量 a_p。

钻孔的背吃刀量等于钻头直径的一半，$a_p=D/2$；扩孔时背吃刀量 $a_p=(D-P)/2$。

③ 进给量 f。

工件旋转一周，钻头沿轴向移动的距离就是进给量。进给量太大，钻头容易折断；进给量过小，钻头容易磨损。钻钢件时 f 取 0.1～0.3mm/r，钻铸件、合金时，进给量可以取大一些。

二、课题实施

（一）刃磨麻花钻的步骤（见图 2.42）

（1）准备。刃磨前，检查砂轮表面是否平整，是否有跳动。

（2）握法。右手握钻头前端，左手空握钻头柄部。

（3）初始位置。钻头的一条主切削刃比砂轮稍高一点，保持水平位置；钻头主轴线与砂轮外圆母线的夹角等于顶角的一半，约 60°；钻头柄部略微向下倾斜。

（4）刃磨。双手移动钻头，主切削刃轻轻接触砂轮，然后右手缓慢上抬钻头，左手稍稍下压，使钻头绕其轴线旋转，从而刃磨钻头的后刀面。其中一条主切削刃刃磨后，把钻头转 180°，刃磨另一条主切削刃。

（二）麻花钻角度的检查

（1）刃磨过程中检查。

麻花钻两主切削刃的对称度要求非常高，在刃磨过程中，常常采用目测检验：两手轻持麻花钻前端，让麻花钻自然下垂，观察两切削刃，直到对称为止。

（2）刃磨后检查。

目测麻花钻存在误差，刃磨好的麻花钻还需要用角度尺检查（见图 2.43），主切削刃与钻头轴线的夹角为 121°。

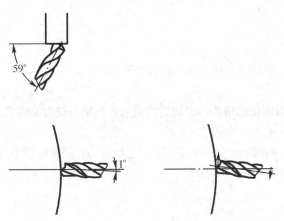

图 2.42　刃磨麻花钻方法

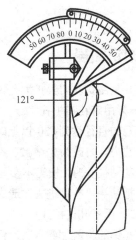

图 2.43　测量麻花钻顶角的方法

（3）使用中检查。

主切削刃不对称，钻孔过程中排出的切屑也不均匀。这时，应取下钻头，根据切削刃的切削痕迹，确定需要的主切削刃，然后重新刃磨，再试切削，直至合乎要求。

提示

（1）刃磨过程中，及时冷却，防止过热退火。

（2）修磨时，钻头要保持上次的位置，双手的动作也要一致。

（3）两条主切削刃交替刃磨，边磨边检查，确保对称。

（三）钻孔方法

（1）找正尾座。在两顶尖上装夹标准心棒，利用水平放置的百分表测量心棒前后的跳动误差，或者在两顶尖上装夹工件，车削外圆，测量前后的直径尺寸差值。根据上述方法，调整尾座位置，使跳动误差或直径尺寸差值降低到允许的范围，尾座的轴线与主轴轴线一致，这样钻头中心才能对准工件旋转中心，否则可能会扩大孔直径或折断钻头。

（2）车平需要钻孔的工件平面，中心处不能有凸头，否则会影响钻头正确定心。

（3）为了防止钻孔时钻头产生晃动，一般先钻中心孔定心，然后用钻头钻孔，这样能保证孔的轴线位置正确。

三、课题小结

在本课题中，介绍了钻头的几何形状，基本掌握刃磨麻花钻的方法。

（1）起钻时进给量要小，待钻头切削部分钻入工件后才能正常进给。

（2）即将钻通工件时，进给量也要小，由于钻头的边缘处前角大，因此钻头容易被"卡"，钻头可能脱离车床尾座，跟着工件一起旋转，损坏锥柄和锥孔。

（3）钻钢件时应充分加注冷却液，以防钻头发热退火；钻铸件时不可加注冷却液。

（4）钻小孔或钻较深的孔时，由于切屑排出不畅，故必须经常退出钻头排屑，否则容易因切屑堵塞而使钻头"咬死"或折断。

（5）钻小孔时，钻速应选得快一些，否则切削时抗力大，容易产生孔位偏斜和钻头折断。

四、知识拓展

扩孔是用扩孔刀具扩大孔径的方法。生产中常用钻头、扩孔钻扩孔。

（一）用麻花钻扩孔

当孔的直径达到$\phi30$以上时，直接用麻花钻钻孔，因钻头的横刃长，轴向抗力非常大，故钻削时很费力。可改为先钻$\phi20$的孔，然后用$\phi30$的麻花钻扩孔。

麻花钻扩孔时，横刃不参与切削，钻头切削刃边缘处前角大，进给省力；但进给量不宜过大，否则会把钻头"拉"进去，造成钻头在尾座锥孔内"打滑"。

（二）用扩孔钻扩孔

扩孔钻的材料主要有高速钢和镶硬质合金，如图2.44所示。

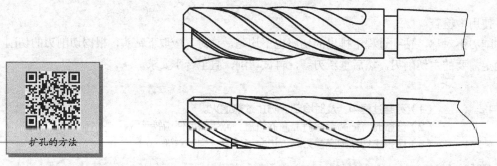

图2.44 高速钢、硬质合金扩孔钻

扩孔的方法

（三）扩孔钻的主要特点

（1）扩孔钻有 3、4 个切削刃，切削平稳，导向性好，可以校正孔的轴线偏差。

（2）扩孔钻没有横刃，避免了横刃对切削的不利影响。

（3）扩孔钻的刚性好，可以加大切削用量，提高了劳动生产率。

（4）扩孔钻的加工质量好，能替代半精加工，尺寸精度达 IT10～IT11，表面粗糙度值 $Ra3.2\sim Ra6.3$。

五、课题小结

在本课题中，讲解了钻头的相关知识，学习选择钻头的依据，钻孔及扩孔的方法和要求。

课题五　车孔

对于铸造孔、锻造孔或用钻头钻出的孔，为达到所要求的尺寸精度、位置精度和表面粗糙度，可采用车孔的方法。车孔是车削加工的主要内容之一，可以作粗加工，也可以作精加工，车孔的精度一般可达 IT7～IT8，表面粗糙度 $Ra1.6\sim Ra3.2\mu m$，精细车削时可达 $Ra0.8\mu m$。

技能目标

1. 了解不同车孔刀的几何角度及刃磨方法
2. 正确安装内孔车刀
3. 掌握车削直孔、阶台孔、平底孔的方法
4. 掌握孔径的测量方法

任务一　车通孔

一、基础知识

（一）内孔车刀

根据不同的加工情况，内孔车刀可分为通孔车刀和盲孔车刀两种。

1. 通孔车刀

内孔车刀的种类

通孔车刀的几何形状与外圆车刀基本上相似，如图 2.45（a）所示。通孔车刀主要用来加工通孔，为了减小径向切削抗力，防止车孔时震动，主偏角 κ_r 应取得大一些，一般为 60°～75°，副偏角 κ_r' 一般为 15°～30°。为了防止内孔车刀后刀面和孔壁的摩擦，但又不使后角磨得太大，一般磨成两个后角，如图 2.45（b）的 α_{o1} 和 α_{o2}，其中 α_{o1} 取 6°～12°，α_{o2} 取 30°左右。

2. 盲孔车刀

盲孔车刀主要用来车削盲孔或阶台孔。其切削部分的几何形状与偏刀基本上相似。它的主偏

角 κ_r 大于 90°，一般为 92°～95°，后角的要求和通孔车刀一样，不同之处是车削盲孔时，刀尖在刀杆的最前端，刀尖与刀杆外端间的距离应小于内孔半径，否则孔的底平面就无法车平。车内孔阶台时，只要不碰即可，如图 2.45（c）所示。

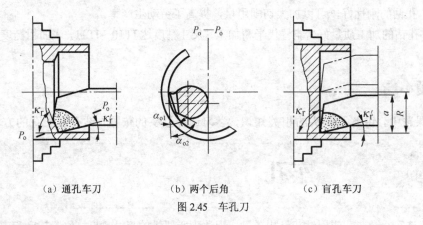

（a）通孔车刀　　　　　（b）两个后角　　　　　（c）盲孔车刀

图 2.45　车孔刀

（二）车孔的关键技术

车孔的关键技术是解决好内孔车刀的刚性和排屑问题。

1. 增加内孔车刀刚性的措施

（1）尽量增加刀杆的截面积，通常内孔车刀的刀尖位于刀柄的上面，这样刀柄的截面积较小，还不到孔截面积的 1/4 ［见图 2.46（a）］，若使内孔车刀的刀尖位于刀柄的中心线上，那么刀柄在孔中的截面积可增加许多 ［见图 2.46（b）］。

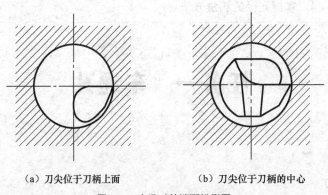

（a）刀尖位于刀柄上面　　　　　　　（b）刀尖位于刀柄的中心

图 2.46　车孔时的端面投影图

（2）尽可能缩短刀柄的伸出长度，以增加刀柄的刚性，减小切削过程中的震动。

2. 解决排屑问题

主要是控制切屑流出方向，精车孔时要求切屑流向待加工表面（前排屑），为此，采用正刃倾角的内孔车刀；加工盲孔时，就采用负的刃倾角，使切屑从孔口排出。

（三）孔的测量

测量内孔尺寸，要根据图纸对工件尺寸及精度的要求，使用不同的量具来进行。如果孔的精度要求不高，可以使用钢尺或游标卡尺测量；如果精度要求很高，就可以用以下方法测量。

（1）塞规。在成批生产中，为了测量方便，常用塞规测量孔径，如图 2.47 所示。

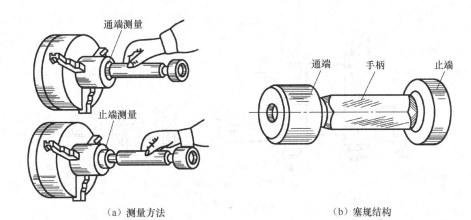

（a）测量方法　　　　　　　　　　　　（b）塞规结构

图 2.47　塞规及其使用

　　塞规是一种定型的测量工具，它由通端、止端和手柄组成。通端尺寸等于孔的最小极限尺寸，止端尺寸等于孔的最大极限尺寸，为了区别两端，通端比止端长。测量时，用手握住手柄，沿孔的轴线方向，将通端塞入孔内，如果通端通过，而止端不能通过，就说明尺寸合格。

　　测量盲孔的塞规上还开有排气槽，以便于盲孔内的空气排出。使用塞规测量时，一是要注意塞规轴线应与孔的轴线一致，二是不能强行塞入，以免造成塞规拔不出或损坏工件。

　　（2）内径千分尺。用内径千分尺可测量孔径。内径千分尺的外形如图 2.48（a）所示，由测微头和各种尺寸的接长杆组成。每根接长杆上均注有公称尺寸和编号，可以按照孔径的大小选用。内径千分尺的测量范围为 50～1500mm，它的分度值为 0.01mm。内径千分尺的使用方法如图 2.48（b）所示。测量时，内径千分尺应在孔内轻微摆动，在直径方向找出最大尺寸，轴向找出最小尺寸，这两个尺寸重合时，就是孔的实际尺寸。由于内径千分尺无测力装置，所以有一定的误差。

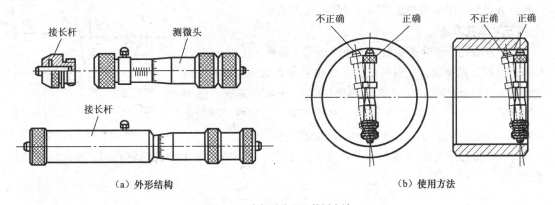

（a）外形结构　　　　　　　　　　　　（b）使用方法

图 2.48　内径千分尺及使用方法

　　（3）内测千分尺。内测千分尺是内径千分尺的一种特殊形式，内测千分尺的结构和使用方法如图 2.49 所示。

　　这种千分尺的刻线方向与外径千分尺相反，当顺时针旋转微分筒时，活动爪向右移动，测量值增大。使用方法与使用游标卡尺的内测量爪测量内径尺寸的方法相同。由于结构设计方面的原因，其测量精度低于其他类型的千分尺。

　　（4）内径百分表（参照模块一练习使用百分表的相关内容）。

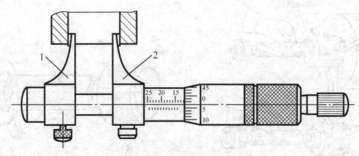

图 2.49　内测千分尺

1—固定爪　2—活动爪

二、任务实施

（一）刃磨内孔车刀

内孔车刀的刃磨步骤：粗磨前刀面⟶粗磨主后刀面⟶粗磨副后刀面⟶磨卷屑槽并控制前角和刃倾角⟶精磨主后刀面、副后刀面⟶磨过渡刃。

（二）安装内孔车刀

（1）刀尖应与工件中心等高或稍高。如果装得低于中心，则由于切削抗力的作用，容易将刀柄压低而产生"扎刀"现象，并造成孔径扩大。

（2）刀柄伸出刀架不宜过长，一般只需要比加工孔长 5～6mm。

（3）刀柄基本平行于工件轴线，否则在车削到一定深度时刀柄后半部容易碰到工件孔口。

（4）盲孔车刀装夹时，内偏刀的主刀刃应与孔底平面成 3°～5°角，并且在车平面时要求横向有足够的退刀余地。

（三）车孔方法

（1）直通孔的车削基本上与车外圆相同（见图 2.50），只是进刀和退刀的方向相反。在粗车或精车时也要进行试切削，其横向进给量为径向余量的 1/2。当车刀纵向切削至 2mm 左右时，纵向快速退刀，然后停车测试，若孔的尺寸不正确，则需微量横向进刀后再次测试，直至符合要求，方可车出整个内孔表面。

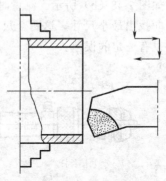

图 2.50　车孔的方法

（2）车孔时的切削用量要比车外圆时适当减小些，特别是车小孔或深孔时，其切削用量应更小。

提示

（1）车孔时，注意中滑板进、退方向与车外圆相反。

（2）用塞规测量孔径时，应保持孔壁清洁，否则会影响塞规测量。

（3）在孔中取中塞规时，应注意安全，以防撞伤手。

（4）精车内孔时，应保持刀刃锋利，否则会因为刀杆刚性差而产生让刀，把孔径车成锥形。

（5）车小孔时，应注意排屑问题。

三、拓展训练

根据图 2.51 所示尺寸和表 2.5 加工数据进行操作训练。

【操作步骤】

（1）备料，毛坯尺寸为 $\phi 50 \times 65$。

（2）识读零件图，并进行工艺分析，确定操作步骤。

（3）根据操作要求合理选择刀具、量具、工具等。

（4）根据材料，用三爪自动定心卡盘夹持 $\phi 50$ 毛坯外圆，伸出长度 50mm 左右，找正夹紧。

（5）粗、精车右端面。

（6）粗车外圆 $\phi 44_{-0.039}^{0} \times 48$，留精车余量 1mm。

（7）钻中心孔。

（8）钻孔至尺寸 $\phi 12 \times 45$，见表 2.5。

（9）扩孔至尺寸 $\phi 20 \times 45$。

（10）粗、精车内孔 $\phi 25_{0}^{+0.13} \times 45$，车至尺寸要求。

（11）精车外圆 $\phi 44_{-0.039}^{0}$ 至尺寸要求。

（12）倒角、去锐边。

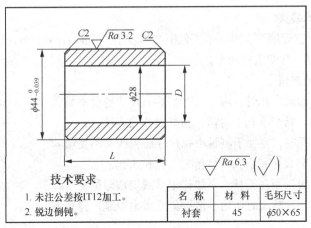

图 2.51　衬套

名　称	材　料	毛坯尺寸
衬套	45	$\phi 50 \times 65$

技术要求

1. 未注公差按 IT12 加工。
2. 锐边倒钝。

表 2.5　　　　　　　　　　　　　　加工方法和数据

次数	加工方法	D	L
1	钻孔	$\phi 12$	40
2	扩孔	$\phi 20$	40
3	车孔	$\phi 25_{0}^{+0.13}$	38 ± 0.08
4	车孔	$\phi 30_{0}^{+0.13}$	35 ± 0.08
5	车孔	$\phi 33_{0}^{+0.10}$	32 ± 0.08
6	车孔	$\phi 36_{0}^{+0.10}$	30 ± 0.065

（13）车断至长度 39mm。

（14）调头包铜皮（或软爪）夹持 $\phi 44_{-0.039}^{0}$ 外圆，找正夹紧，保证总长 38 ± 0.08mm。

（15）倒角、去锐边。

（16）检查。

（17）表 2.5 中第 4、5、6 次的加工方法同上。

四、任务小结

本任务主要介绍了车通孔的车刀、车通孔的关键技术以及通孔的测量方法。通过任务实施介绍了车通孔的车刀的刃磨方法和车孔的方法，并在拓展训练中通过具体的通孔零件加工进行相关技能的实操训练。

任务二　车阶台孔

一、基础知识

（一）内孔车刀的装夹

车阶台孔时，内孔车刀除了刀尖对准工件中心和刀杆尽可能伸出短些外，内孔车刀的主刀刃应和平面成 $3°\sim5°$ 的夹角，如图 2.52 所示。

（二）车阶台孔的方法

（1）车直径较小的阶台孔时，由于观察困难而尺寸精度不易掌握，所以常采用先粗、精车小孔，再粗、精车大孔的方法。

（2）车大的阶台孔时，在便于测量小孔尺寸而视线又不受影响的情况下，一般先粗车大孔和小孔，再精车小孔和大孔。

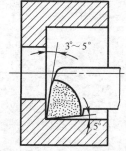

（3）控制深度一般采用在刀杆上刻线作记号或安放限位铜片，以及用床鞍刻线等方法；精车时需用小滑板刻度盘来控制，并且要用深度尺经常测量。

图 2.52　阶台孔车刀的装夹要求

二、拓展训练

训练一　根据图 2.53 所示尺寸和表 2.6 加工数据进行操作训练。

【操作步骤】

（1）备料毛坯尺寸为 $\phi 50\times75$。

（2）识读零件图，并进行工艺分析，确定操作步骤。

（3）根据操作要求合理选择刀具、量具、工具等。

（4）根据材料，用三爪自动定心卡盘夹持 $\phi 50$ 毛坯外圆，伸出长度 60mm 左右，找正夹紧。

（5）粗、精车右端面。

（6）粗车外圆 $\phi 44_{-0.039}^{0}\times58$，留精车余量 1mm。

（7）钻中心孔。

（8）钻孔至尺寸$\phi23\times58$。

（9）粗、精车内孔$\phi25^{+0.084}_{0}$，车至尺寸要求。

（10）粗、精车内孔$\phi30^{+0.084}_{0}$，车至尺寸要求。

（11）精车外圆$\phi44^{0}_{-0.039}$，至尺寸要求。

（12）倒角、去锐边。

（13）车断至长度51mm。

（14）调头包铜皮（或软爪）夹持$\phi44^{0}_{-0.039}$外圆，找正夹紧，保证总长50 ± 0.08mm。

（15）倒角、去锐边。

（16）检查。

（17）表2.6中第2、3、4次的加工方法同上。

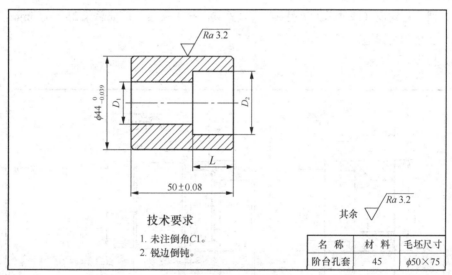

图2.53　阶台孔套

表2.6　　　　　　　　　　　　　　加工数据

次　　数	D_1	D_2	L
1	$\phi25^{+0.084}_{0}$	$\phi30^{+0.084}_{0}$	$10^{+0.15}_{0}$
2	$\phi27^{+0.084}_{0}$	$\phi33^{+0.062}_{0}$	$12^{+0.15}_{0}$
3	$\phi30^{+0.084}_{0}$	$\phi35^{+0.062}_{0}$	$15^{+0.15}_{0}$
4	$\phi33^{+0.062}_{0}$	$\phi38^{+0.062}_{0}$	$18^{+0.15}_{0}$

训练二　根据图2.54所示尺寸进行操作训练。

【**操作步骤**】（件1）

（1）备料毛坯尺寸为$\phi50\times60$。

（2）识读零件图，并进行工艺分析，确定操作步骤。

（3）根据操作要求合理选择刀具、量具、工具等。

（4）根据材料，用三爪自动定心卡盘夹持$\phi 50$毛坯外圆，伸出长度45mm左右，找正夹紧。

（5）粗、精车右端面。

（6）粗车外圆$\phi 44^{+0.039}_{0}\times 40$，留精车余量1mm。

（7）钻中心孔。

（8）钻孔至尺寸$\phi 23\times 40$。

（9）粗、精车内孔$\phi 25^{+0.052}_{0}$，车至尺寸要求。

（10）粗、精车内孔$\phi 35^{+0.062}_{0}$，车至尺寸要求。

（11）精车外圆$\phi 44^{+0.039}_{0}$，至尺寸要求。

（12）倒角、去锐边。

（13）车断至长度36mm。

（14）调头包铜皮（或软爪）夹持$\phi 44^{+0.039}_{0}$外圆，找正夹紧，保证总长35 ± 0.05mm。

（15）倒角、去锐边。

（16）检查。

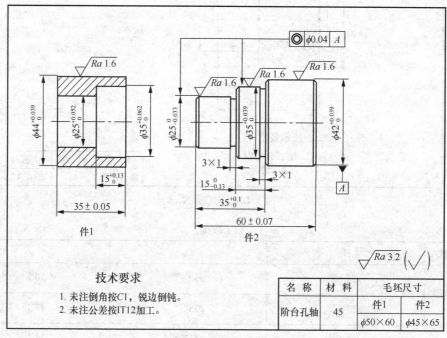

图2.54 阶台孔轴配合

技术要求

1. 未注倒角按C1，锐边倒钝。
2. 未注公差按IT12加工。

名　称	材　料	毛坯尺寸	
		件1	件2
阶台孔轴	45	$\phi 50\times 60$	$\phi 45\times 65$

【操作步骤】（件2）

（1）备料毛坯尺寸为$\phi 45\times 65$。

（2）识读零件图，并进行工艺分析，确定操作步骤。

（3）根据操作要求合理选择刀具、量具、工具等。

（4）根据材料，用三爪自动定心卡盘夹持$\phi 45$毛坯外圆，伸出长度40mm左右，找正夹紧。

（5）粗、精车左端面。

（6）粗、精车 $\phi 25^{\ 0}_{-0.033}$ 外圆、$\phi 35^{+0.039}_{\ 0}$ 外圆，至尺寸要求。

（7）车槽至图样尺寸要求。

（8）倒角。

（9）调头包铜皮夹持 $\phi 35^{+0.039}_{\ 0}$ 外圆，找正夹紧。

（10）粗、精车右端面，保证总长 $60 \pm 0.07 \text{mm}$。

（11）粗、精车外圆 $\phi 42^{+0.039}_{\ 0}$，车至尺寸要求。

（12）倒角。

（13）检查。

> （1）阶台孔要求平面平直，孔壁与内平面相交处清角，并防止出现凹坑和小台阶。
> （2）孔径应防止出现喇叭口和出现试刀痕迹。
> （3）件1和件2进行配合训练。

三、任务小结

本任务介绍了车削阶台孔的方法，并通过拓展训练进行了阶台孔车削的实操训练。

任务三　车平底孔

平底孔的技术要求是：孔径正确，底面平整、光洁、无凸头和凹坑，其操作技能比通孔、阶台孔的车削更难些。

一、基础知识

（一）内孔车刀的选择和装夹

（1）平底孔车刀的刀尖跟刀杆外侧的距离 a 应小于内孔半径 R，否则切削时刀尖还未车到工件中心，刀杆外侧已与孔壁相碰，如图 2.55 所示。

（2）平底孔车刀切削部分的角度和装夹与阶台孔车刀相同，但刀尖的高低，必须严格地对准工件的旋转中心，否则底平面无法车平；刀杆的伸出长度比孔深长 5mm 左右；根据孔的深度在刀杆上做一个明显的标志。

（二）车平底孔的方法

（1）选择比孔径小 2mm 的钻头进行钻孔，其钻孔深度，从麻花钻顶尖量起，并在麻花钻上刻线痕做记号。

（2）在孔的内壁对刀，可以在中滑板的刻度盘上做记号。

（3）参照中滑板刻度盘上的记号，使车刀刀尖从中心向内壁，先车底平面。

（4）粗车内孔，与车削阶台孔方法相同。

（5）精车内孔，精车平底，刀尖从内壁车向中心。

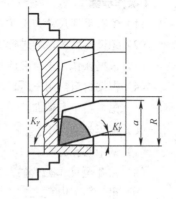

图 2.55　平底孔车刀

（三）平底孔的测量

（1）一般可以用游标卡尺测量孔径；精度要求高时，可以用内径百分表测量。

（2）批量较大时，用开排气槽的塞规检查孔径，否则会影响精度。

（3）一般可以用游标卡尺测量孔深；精度要求高时，可以用深度游标卡尺测量。

二、拓展训练

根据图 2.56 所示尺寸进行操作训练。

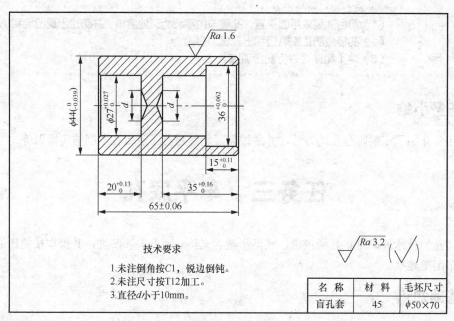

图 2.56　盲孔套

【操作步骤】

（1）备料毛坯尺寸为 $\phi 50 \times 70$。

（2）识读零件图，并进行工艺分析，确定操作步骤。

（3）根据操作要求合理选择刀具、量具、工具等。

（4）根据材料，用三爪自动定心卡盘夹持 $\phi 50$ 毛坯外圆，伸出长度 45mm 左右，找正夹紧。

（5）粗、精车右端面。

（6）粗车外圆 $\phi 44_{-0.039}^{0} \times 40$，留精车余量 1mm。

（7）钻中心孔。

（8）钻孔至尺寸 $\phi 25 \times 37$。

（9）粗、精车内孔 $\phi 27_{0}^{+0.027} \times 20_{0}^{+0.13}$，车至尺寸要求。

（10）粗、精车内孔 $\phi 36_{0}^{+0.062} \times 15_{0}^{+0.11}$，车至尺寸要求。

（11）精车外圆 $\phi 44_{-0.039}^{0}$，车至尺寸要求。

（12）倒角、去锐边。

（13）调头包铜皮夹持 $\phi 44 _{-0.039}^{0}$ 外圆，找正夹紧，保证总长 65 ± 0.06mm。

（14）粗车外圆 $\phi 44 _{-0.039}^{0} \times 40$，留精车余量 1mm。

（15）钻中心孔。

（16）钻孔至尺寸 $\phi 25 \times 22$。

（17）粗、精车内孔 $\phi 27 _{0}^{+0.027} \times 20 _{0}^{+0.13}$，车至尺寸要求。

（18）精车外圆 $\phi 44 _{-0.039}^{0}$，车至尺寸要求。

（19）倒角、去锐边。

（20）检查。

（1）刀尖应严格对准工件的旋转中心，否则底平面无法车平。

（2）刀尖纵向切削至接近底平面时，应停止机动进给，用手动进给代替机动进给，以防碰撞底平面。

（3）由于视线受影响，车底平面时可以通过手感和听觉来判断其切削情况。

（4）精车底平面时，注意内孔壁与底平面平滑连接。

三、任务小结

本任务介绍了车平底孔时刀具的选择和装夹，介绍了平底孔的车削方法和平底孔的测量方法。在拓展训练中通过实际平底孔的加工进行了实操训练。

课题六　车内沟槽和端面槽

技能目标

1. 了解内沟槽和端面槽车刀的几何角度和刃磨要求
2. 掌握内沟槽和端面槽的车削方法和测量方法

任务一　车内沟槽

一、基础知识

（一）内沟槽的作用

（1）退刀用的沟槽。如车内螺纹、插内齿、磨内孔等。

（2）密封用的沟槽。如内梯形槽内嵌入油毛毡，以防滚动轴承的润滑油脂溢出。

（3）油、气通道。用来通气通油。

（4）定位槽。内孔中安装滚动轴承，为了不使其移位，在沟槽内安放挡圈。

（5）存油槽。用来储油润滑。

（二）内沟槽刀

内沟槽车刀与车断刀的几何形状相似，只是装夹方向相反，且在内孔中车槽。内沟槽车刀的刀体不仅要求与刀杆轴线垂直，更要与所加工的孔的轴线垂直。内沟槽车刀分为整体式［见图 2.57（a）］和装夹式［见图 2.57（b）］。

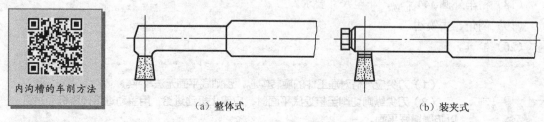

内沟槽的车削方法

（a）整体式 　　　　　　　　　　（b）装夹式

图 2.57　内沟槽车刀

加工小孔中的内沟槽车刀做成整体式；在大直径内孔中车内沟槽的车刀可做成车槽刀刀体，然后装夹在刀柄上使用。

内沟槽一般与轴心线垂直，因此要求内沟槽车刀刀头和刀杆也应垂直，其刀头部分的形状和内沟槽一样，两侧副刀刃与主刀刃应对称，这样才有利于切削时的车刀装夹，它的刃磨方法基本上与刃磨内孔刀相同，只是几何角度不同而已。

（三）车内沟槽的方法

车削较窄的内沟槽，可用主切削刃宽度等于槽宽的内沟槽车刀以直进法一次车成功。精度要求较高或者较宽的内沟槽，可以用直进法先粗车、后精车，分几次车出。粗车时，槽壁和槽底注意留有余量，然后再根据图纸要求对槽的宽度和深度进行精车，如图 2.58 所示。

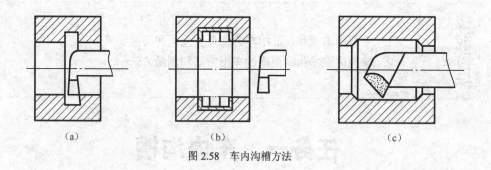

（a）　　　　　　　　　　（b）　　　　　　　　　　（c）

图 2.58　车内沟槽方法

车槽时一定要记住中滑板刻度盘的读数，以便确定进刀和退刀的位置，必要时做上记号。

进刀时进给量不能过大，退刀时一是要注意刀杆与孔壁不能相擦碰，二是要注意一定要使刀的主切削刃完全退出槽后，才摇动大滑板，使刀杆退出孔外。

（四）内沟槽的测量

内沟槽的直径可用内卡钳或装有特殊弯头的游标卡尺测量，如图 2.59（a）、图 2.59（b）所示。内沟槽的轴向尺寸可用钩形深度游标卡尺来测量，如图 2.59（c）所示。

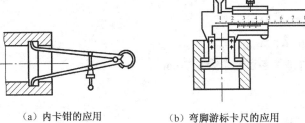

（a）内卡钳的应用　　　　（b）弯脚游标卡尺的应用　　　　（c）内沟槽轴向位置测量

图 2.59　内沟槽的测量

二、拓展训练

根据图 2.60 所示尺寸进行操作训练。

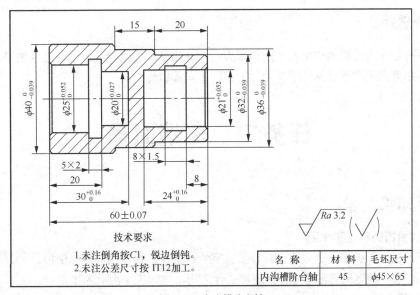

技术要求

1. 未注倒角按C1，锐边倒钝。
2. 未注公差尺寸按 IT12 加工。

名　称	材　料	毛坯尺寸
内沟槽阶台轴	45	$\phi45\times65$

图 2.60　内沟槽阶台轴

【操作步骤】

（1）备料毛坯尺寸为 $\phi45\times65$。

（2）识读零件图，并进行工艺分析，确定操作步骤。

（3）根据操作要求合理选择刀具、量具、工具等。

（4）根据材料，用三爪自动定心卡盘夹持 $\phi45$ 毛坯外圆，伸出长度 30mm 左右，找正夹紧。

（5）粗、精车左端面。

（6）粗车 $\phi40_{-0.039}^{\ 0}$ 外圆，先车至 $\phi42$。

（7）钻中心孔。

（8）钻孔至尺寸 $\phi18$。

（9）粗、精车内孔 $\phi20_{\ 0}^{+0.027}$、内孔 $\phi25_{\ 0}^{+0.052}$，至尺寸要求。

（10）精车 $\phi40_{-0.039}^{\ 0}$ 至尺寸要求。

（11）车内沟槽 5×2，至尺寸要求。

（12）倒角。

（13）调头夹持 $\phi40_{-0.039}^{\ 0}$ 外圆，找正夹紧。

（14）粗、精车右端面，保证总长 60 ±0.07 mm。

（15）粗车 $\phi32_{-0.039}^{\ 0}$ 外圆、$\phi36_{-0.039}^{\ 0}$ 外圆，各留精车余量 2mm。

（16）钻中心孔。

（17）钻孔至尺寸 $\phi22$。

（18）粗、精车内孔 $\phi21_{\ 0}^{+0.052}$，至尺寸要求。

（19）车内沟槽 8×1.5，至尺寸要求。

（20）精车 $\phi32_{-0.039}^{\ 0}$ 外圆、$\phi36_{-0.039}^{\ 0}$ 外圆，至尺寸要求。

（21）倒角。

（22）检查。

三、任务总结

本任务介绍了内沟槽的作用和内沟槽车刀，并介绍了车内沟槽的方法以及内沟槽的测量方法等内容。在拓展训练中通过具体零件的加工进行了实操训练。

任务二　车端面槽

一、基础知识

（一）端面槽的种类和作用

（1）矩形槽、圆弧槽，一般用于减轻工件重量，减少工件接触面或作油槽。

（2）T 形槽、燕尾槽通常穿螺钉作连接工件之用，如车床中滑板的 T 形槽。

（二）端面车槽刀的刃磨和安装

（1）在端面上车槽时，车槽刀的左侧一个刀尖相当于在车削内孔，另一个刀尖相当于在车削外圆。

（2）为了防止车刀副后面与槽壁相碰，车槽刀的左侧副后面必须按端面槽的圆弧大小刃磨成圆弧形，并带有一定的后角，如图 2.61 所示，这样才能车削。

（3）端面车槽刀的装夹，除刀刃与工件中心等高外，车槽刀的中心线必须与工件轴线平行。

（三）车端面槽的方法

（1）在端面上车槽前，通常应先测量工件外径，得出实际尺寸，然后减去沟槽外圈直径尺寸，除以 2，就是车槽刀外侧与工件外径之间的距离 L，如图 2.62 所示。

$$L=（D-d）/2$$

（2）在端面上车精度不高、宽度较小、深度较浅的沟槽时，通常采用等宽刀直进法一次进给车出。

（3）如果矩形槽的精度要求较高时，则先粗车槽壁外侧，然后粗车槽的内侧，槽底留有余量。

（4）用精车刀依次车削槽壁外侧、槽壁内侧、槽底。

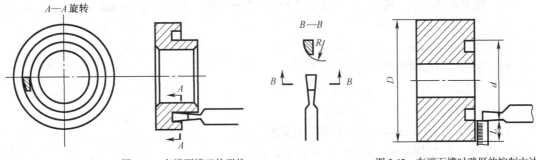

图 2.61　车端面槽刀的形状　　　　　　　图 2.62　车端面槽时壁厚的控制方法

（四）端面槽的测量

精度要求较低的端面槽，其宽度一般用游标卡尺测量；精度要求较高的端面槽，其宽度一般用样板、游标卡尺测量。

提示

（1）车槽刀的左侧副后面刃磨成圆弧形，并带有一定的后角，防止车刀副后面与槽壁摩擦。
（2）槽侧、槽底要求平直、清角。
（3）学会使用游标卡尺间接测量槽宽的方法。
（4）车端面槽比车内、外沟槽容易产生震动。

二、拓展训练

根据图 2.63 所示尺寸进行操作训练。

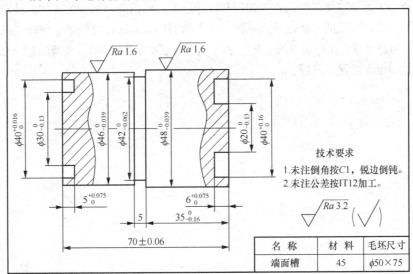

图 2.63　端面槽

【操作步骤】

（1）备料毛坯尺寸为 $\phi50\times75$。
（2）识读零件图，并进行工艺分析，确定操作步骤。
（3）根据操作要求合理选择刀具、量具、工具等。

（4）根据材料，用三爪自动定心卡盘夹持ϕ50毛坯外圆，伸出长度50mm左右，找正夹紧。

（5）粗、精车右端面。

（6）粗、精车$\phi 48_{-0.039}^{0}$外圆，车至尺寸要求。

（7）车右端端面槽至图样要求。

（8）车槽$\phi 42_{-0.062}^{0} \times 5$，至尺寸要求。

（9）去锐边。

（10）调头包铜皮夹持$\phi 48_{-0.039}^{0}$外圆，找正夹紧。

（11）粗、精车左端面，保证总长70$\pm$0.06mm。

（12）粗、精车外圆$\phi 46_{-0.039}^{0}$，至尺寸要求。

（13）车左端端面槽至图样要求。

（14）去锐边。

（15）检查。

三、任务小结

本任务介绍了端面槽的种类、作用以及端面槽的车削方法和测量方法。通过实操训练掌握端面车槽刀的刃磨注意事项和切削用量的合理选择。

模块总结

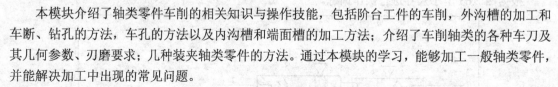

本模块介绍了轴类零件车削的相关知识与操作技能，包括阶台工件的车削，外沟槽的加工和车断、钻孔的方法，车孔的方法以及内沟槽和端面槽的加工方法；介绍了车削轴类的各种车刀及其几何参数、刃磨要求；几种装夹轴类零件的方法。通过本模块的学习，能够加工一般轴类零件，并能解决加工中出现的常见问题。

内外圆锥面的车削

1. 了解圆锥的种类
2. 掌握圆锥的计算方法及图样的标注
3. 掌握内外圆锥的车削方法
4. 掌握圆锥的测量方法

　　上一模块我们介绍了圆柱面车削的相关知识与操作技能，学生应初步形成了车削的基本概念和原理。在本模块中将介绍内、外圆锥面的相关知识和车削方法。

　　常见的圆锥零件有圆锥齿轮、锥形轴、内锥接头等，如图 3.1 所示。

（a）圆锥齿轮

（b）锥形轴

（c）内锥接头

图 3.1　常见圆锥零件

课题一 车削外圆锥

技能目标

1. 熟练掌握外圆锥的车削方法
2. 掌握外圆锥的测量方法

一、基础知识

（一）圆锥的特点及应用

在机床和工具中，圆锥面的结合可传递很大的扭矩，且具有结合同轴度高、定心精度高、无间隙配合等特点。

（二）标准圆锥的应用

为制造及使用方便，常用工具、刀具上圆锥的几何参数都已标准化，这种几何参数已经标准化的圆锥，称为标准圆锥。此外，一些常用配合锥面的锥度也已标准化，称为专用标准圆锥锥度，见表 3.1。

表 3.1 常用标准圆锥的锥度

锥度 C	圆锥角 α	圆锥半角 $\alpha/2$	应 用 举 例
1:4	14°15′	7°7′30″	车床主轴法兰及轴头
1:5	11°25′16″	5°42′38″	易于拆卸的连接
1:15	3°49′6″	1°54′23″	主轴与齿轮的配合部分
1:20	2°51′51″	1°25′56″	米制工具圆锥，锥形主轴颈
1:30	1°54′35″	0°57′17″	锥柄的铰刀和扩孔钻与柄的配合
1:50	1°8′45″	0°34′23″	圆锥定位销及锥铰刀
7:24	16°35′39″	8°17′50″	铣床主轴孔及刀杆的锥体

标准圆锥用号码表示，使用时只要号码相同，就能互换或配合。常用的标准圆锥有莫氏圆锥和米制圆锥两种，莫氏圆锥的锥度见表 3.2。

表 3.2 莫氏圆锥的锥度

号数	锥 度	圆锥角 α	圆锥角 $\alpha/2$	$\tan(\alpha/2)$
0	1:19.212	2°58′46″	1°29′23″	0.026
1	1:20.048	2°51′20″	1°25′40″	0.0249
2	1:20.020	2°51′32″	1°25′46″	0.025
3	1:19.922	2°52′25″	1°26′12″	0.0251
4	1:19.254	2°58′24″	1°29′12″	0.026
5	1:19.002	3°0′45″	1°30′22″	0.0263
6	1:19.180	2°59′4″	1°29′32″	0.0261

1. 莫氏圆锥

莫氏圆锥在机器制造业中应用广泛。如主轴锥孔，尾座套筒锥孔，钻头、铰刀的柄部等都采用莫氏圆锥。莫氏圆锥按尺寸由小到大有 0、1、2、3、4、5、6 七个号码。当号码不同时，圆锥角和尺寸都不同。

2. 米制圆锥

米制圆锥有 4、6、80、100、120、160、200 七个号码。它的号码是指大端直径，锥度固定不变，即 $C=1：20$，例如：200 号米制圆锥，它的大端直径是 200，锥度 $C=1：20$。

（三）圆锥各部分名称及计算

1. 圆锥的各部分名称（见图 3.2）

D: 最大圆锥直径，mm；

d: 最小圆锥直径，mm；

α: 圆锥角，°；

$\alpha/2$: 圆锥半角，车床车削时实际转的度数；

L: 圆锥长度，mm；

C: 锥度；

M: 斜度；

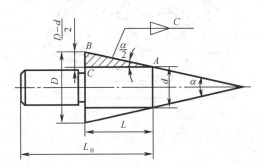

图 3.2 圆锥的各部分名称

锥度：圆锥体的大、小直径之差与圆锥长度之比称为锥度。

斜度：圆锥体的大、小直径之差的一半与圆锥长度之比称为斜度。

2. 圆锥体各部分尺寸计算（见表 3.3）

表 3.3　　　　　　　　　　　　　圆锥体各部分尺寸的计算

尺 寸 名 称	计 算 公 式
M	$M=\tan\alpha=(D-d)/2L=C/2$
C	$C=2\tan\alpha/2=(D-d)/L$
$\alpha/2$（≤6°时）	$\alpha/2≈28.7°×(D-d)/L≈C$

（四）圆锥工件的测量

1. 用万能角度尺测量锥体

万能角度尺又叫量角器，其结构如图 3.3 所示。其测量范围为 $0°\sim320°$，精度为 $2'$。刻线原理与游标卡尺相同。

在 $2'$ 精度的万能角度尺上，主尺每格 $1°$，游标在 $29°$ 内分成 30 格，每格为 $58'$，主副尺每格差 $1°-58'=2'$。

读数方法：先从副尺（游标）零线上读出所指主尺的度数，再加上游标尺上刻度与主尺重合格数乘 $2'$ 即为工件的角度。

万能角度尺的读数方法与游标卡尺相似，即先读主尺上的整数，然后在游标上读出分的数值，两者相加为被测角度数值。图 3.4 所示的数值为 $10°50'$。

2. 用样板测量圆锥工件

工件锥角精度要求不太高，而批量又较大的圆锥工件和角度零件，可应用样板测量，图 3.5 所示为测量圆锥坯的角度。

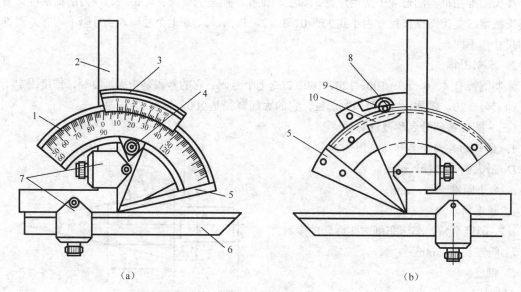

（a）　　　　　　　　　　　　　　　　（b）

图 3.3　万能角度尺

1—主尺　2—角尺　3—游标　4—制动器　5—基尺　6—直尺　7—卡块　8—捏手　9—小齿轮　10—伞形齿

3. 用涂色法检测锥度

用圆锥套规检测外圆锥时，要求工件和套规表面清洁且工件外圆锥表面粗糙度值 Ra 小于 3.2μm 且无毛刺。检测时，首先在工件表面顺着圆锥素线薄而均匀地涂上轴向均等的三条显示剂（印油、红丹粉、机油的调和物等），如图 3.6 所示，然后手握套规轻轻地套在工件上，稍加轴向推力，并将套规转动半圈，如图 3.7 所示。最后取下套规，观察工件表面显示剂擦去的情况。若三条显示剂全长擦痕均匀，表明圆锥接触良好，说明锥度正确，如图 3.8 所示；若小端擦着而大端未擦去，说明圆锥角小了；若大端擦着而小端未擦去，说明圆锥角大了。

图 3.4　万能角度尺读数示例

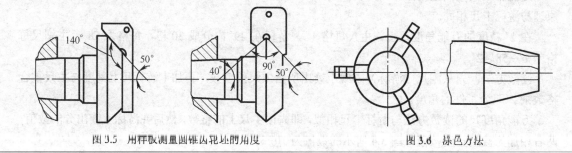

图 3.5　用样板测量圆锥凹轮坯的角度　　　　图 3.6　涂色方法

4. 外圆锥尺寸检测

在圆锥套规上根据工件直径和公差，在套规小端轴向开有缺口 M，测量时如果锥体的小端平面在缺口之间则视为合格；若锥体未进入缺口则视为不合格；若锥体超出了缺口则圆锥尺寸小了，也视为不合格，如图 3.9 所示。

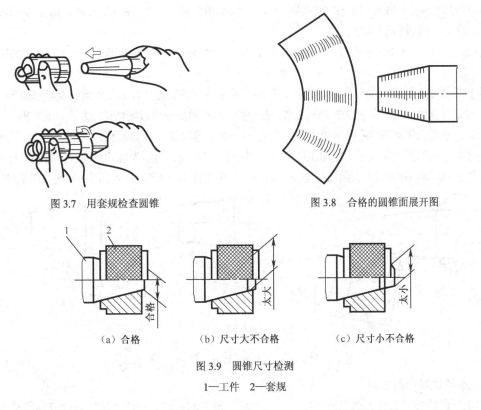

图 3.7　用套规检查圆锥　　　　　　　　图 3.8　合格的圆锥面展开图

（a）合格　　　　　（b）尺寸大不合格　　　　（c）尺寸小不合格

图 3.9　圆锥尺寸检测

1—工件　2—套规

5. 圆锥表面双曲线误差

无论怎样调整小滑板，工件的外圆锥总是中间凹下，而内圆锥中间凸起，即圆锥母线不直，如图 3.10 所示。这是由于车刀刀尖没有严格对准中心而造成的误差。因此，车锥面时一定要将车刀严格对准中心才能避免双曲线误差的产生。

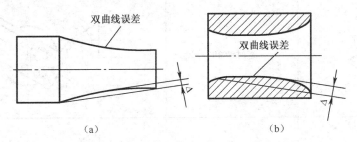

（a）　　　　　　　　　　　　　　　（b）

图 3.10　圆锥表面的双曲线误差

（五）外圆锥的车削方法

1. 转动小拖板法

转动小滑板法，是把刀架小滑板按工件的圆锥半角 $\alpha/2$ 要求转动一个相应角度，使车刀的运动轨迹与所要加工的圆锥素线平行。转动小滑板法操作简便、调整范围广，主要适用于单件、小批量生产，特别适用于工件长度较短、圆锥角较大的圆锥面。

（1）转动小滑板法车外圆锥面的方法。

① 车刀的安装。

车刀刀尖必须严格对准工件的旋转中心，否则车出的圆锥素线将不是直线，而是双曲线。

② 确定小滑板转动角度。

根据工件图样选择相应的公式计算出圆锥半角 $\alpha/2$，圆锥半角 $\alpha/2$ 即是小滑板应转动的角度。

③ 转动小滑板。

用扳手将小滑板下面的转盘螺母松开，把转盘转至需要的圆锥半角 $\alpha/2$，当刻度与基准零线对齐后将转盘螺母锁紧。圆锥半角 $\alpha/2$ 的值通常不是整数，其小数部分用目测估计，大致对准后再通过试车逐步找正。小滑板转动的角度值可以大于计算值 $10'\sim20'$，但不能小于计算值，角度偏小会使圆锥素线车长而难以修正圆锥长度尺寸，如图 3.11 所示。其中图 3.11（a）所示为转动角度等于圆锥半角 $\alpha/2$ 的情况，图 3.11（b）所示为大于圆锥半角 $\alpha/2$ 的情况，图 3.11（c）所示为小于圆锥半角 $\alpha/2$ 的情况。

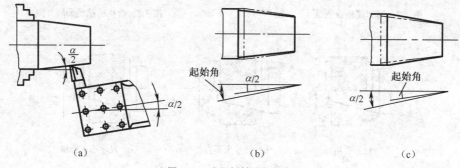

图 3.11　小滑板转动的角度

④ 小滑板转动的方向。

车正外圆锥面（工件大端靠近主轴，小端靠近尾座方向）时，小滑板应逆时针方向转动一个圆锥半角 $\alpha/2$，反之则应顺时针方向转动一个圆锥半角 $\alpha/2$。小滑板转动方向及转过的角度见表 3.4。

表 3.4　　　　　　　　　　图样上标注的角度和小滑板应转过的角度

图　例	小滑板应转的角度	车削示意图
60°	逆时针 30°	60° / 30° / 30° / 30°
B / A / 50° / 40° / 3°32′ / 40° / C	车 A 面逆时针 43°32′	A / 43°32′ / 43°32′ / 43°32′

续表

图　例	小滑板应转的角度	车削示意图
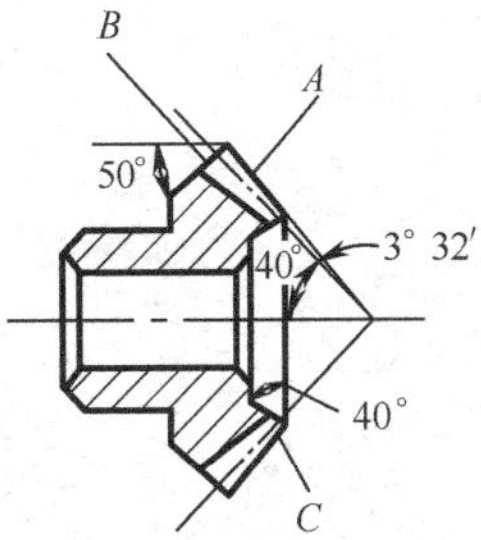	车 B 面顺时针 50°	
	车 C 面顺时针 50°	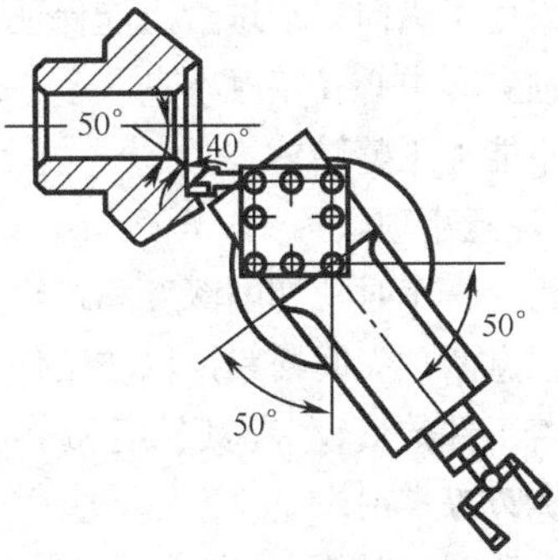

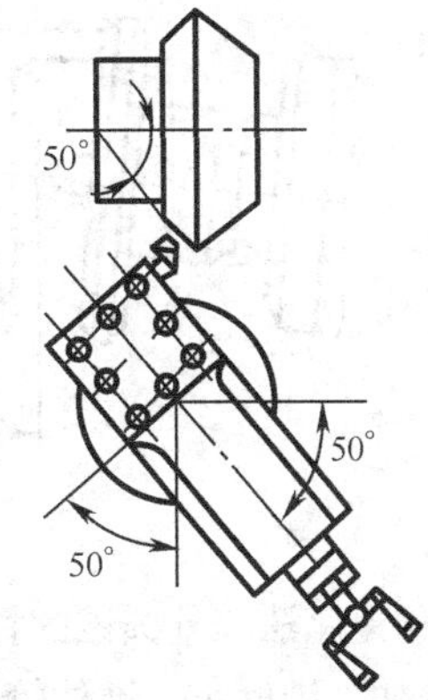

（2）转动小滑板法车外圆锥面有以下 4 个特点。

① 因受小滑板行程限制，只能加工圆锥角度较大但锥面不长的工件。

② 应用范围广，操作简便。

③ 同一工件上加工不同角度的圆锥时调整较方便。

④ 只能手动进给，劳动强度大，表面粗糙度较难控制。

（3）转动小滑板法车外圆锥面的注意事项。

① 车刀刀尖必须严格对准工件旋转中心，避免产生双曲线误差。

② 用圆锥套规检查时，套规和工件表面均用绢绸擦干净。

③ 工件表面粗糙度 Ra 必须小于 3.2μm，并应去毛刺；涂色要薄而均匀，转动量应在半圈以内，不可来回旋转。

④ 车削过程中，锥度一定要严格、精确地计算、调整；长度尺寸必须严格控制。

⑤ 车刀刀刃要始终保持锋利，工件表面应一刀车出。

2. 偏移尾座法

偏移尾座法适用于加工锥度小，锥形部分较长的工件。

采用偏移尾座法车外圆锥面，须将工件装卡在两顶尖之间，把尾座上滑板向里（用于车外圆锥面）或者向外（用于车倒外圆锥面）横向移动一端距离 S 后，使工件回转轴线与车床主轴轴线相交一个角度，并使其大小等于圆锥半角 $α/2$。由于床鞍进给是沿平行于主轴轴线移动的，因此当尾座横向移动一端距离 S 后，工件就车成了一个圆锥体，如图 3.12 所示。

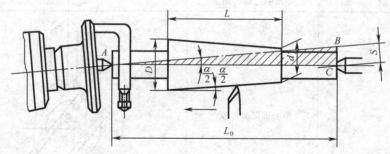

图 3.12　偏移尾座车圆锥

（1）偏移尾座法车外圆锥的特点。

① 适宜加工锥度小、锥体较长的工件。

② 采用了纵向自动进给，能保证表面质量。

③ 顶尖和中心孔接触不良。

④ 不能加工整锥体。

（2）注意事项。

① 粗、精车时，切削深度和进给量不能过大，否则影响锥面质量。

② 注意两顶尖间松紧，以防工件飞出伤人。

③ 若工件数量较多，其长度和中心孔的深浅、大小必须一致，否则加工出的工件锥度不一致。

3. 宽刃刀车削法

宽刃刀车外圆锥面，实质上也属于成形法车削，即用成形刀具对工件进行加工。它是在车刀安装后，使主切削刃与主轴轴线的夹角等于工件的圆锥半角 $\alpha/2$，采用横向进给的方法加工出外圆锥面，如图 3.13（a）所示。

宽刃刀车削外圆锥面时，切削刃必须平直，刃倾角应为 0°。车床及车刀必须具有很好的刚性，切削速度宜低些，否则容易引起震动。宽刃刀车削法主要适用于较短外圆锥面的精车工序。

当工件圆锥面长度大于切削刃长度时，一般采用接刀法车削，如图 3.13（b）所示。工件伸出长度尽可能短些。宽刃刀的装夹与 45° 端面车刀的装夹相似，必须与锥体的锥面角度相同，在装夹时可用样板找正，如图 3.14（a）所示，或用万能角度尺，如图 3.14（b）所示。

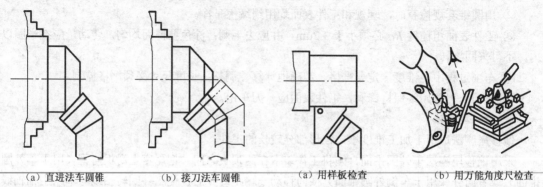

（a）直进法车圆锥　　　（b）接刀法车圆锥　　　（a）用样板检查　　　（b）用万能角度尺检查

图 3.13　宽刃刀车圆锥　　　　　　　图 3.14　宽刃刀角度的检查

二、课题实施

（一）转动小拖板法粗车外圆锥面

（1）先按圆锥大端直径和圆锥面长度车成圆柱面。

（2）调整小滑板导轨与镶条间的配合间隙使松紧得当。间隙过紧，手动进给时费力，移动不均匀；间隙过松，造成小滑板间隙过大，使工件素线不平直和表面粗糙度值增大。

（3）拧松紧固螺栓。将刀架倾斜一个规定的角度后拧紧紧固螺栓。

（4）开动机床，使车刀刀尖接触毛坯端面，向左移动所要求的长度并刻痕迹线。

（5）固定大滑板，使中滑板轻轻接触外圆并把中滑板刻线调整到"0"，以利于记忆。

（6）后退小滑板（保证小滑板在移动时有足够的行程），调整切削深度，用双手手动交替转动小滑板手柄，并保持手动速度的均匀，如图 3.15 所示。

（7）用圆锥套规套在工件上，采用涂色法根据擦痕情况来判断小滑板转动角度的正确性（在圆锥体上的三等分位置均匀涂上薄层显示剂）。如果工件前端接触，则证明小滑板转动角度太小。如果工件后端接触，则证明小滑板转动角度太大。根据实际情况来调整小滑板的转动方向和调整量，如图 3.16 所示。

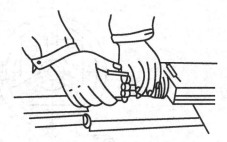

（8）调整后再试切，直至圆锥角度找正为止。

图 3.15　双手交替转动小滑板车圆锥

（9）留 0.5～1mm 精车余量。

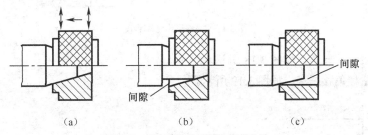

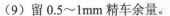

图 3.16　粗车后检验圆锥角度的方法

（二）转动小拖板法精车外圆锥面

（1）精车外圆锥主要是提高工件的表面质量和尺寸精度，因此必须按精加工的要求来合理选择切削用量。一般选择较高的切削速度、较小的进给量和较小的背吃刀量（0.05～0.15mm）。

（2）移动中、小滑板至端面，平稳地转动小滑板手柄车削锥度，不要中断进给。

（3）用圆锥套规端面上的缺口（或刻线）检测原则，切除粗车余量，直至达到检测要求为止。

（三）偏移尾座法车外圆锥

（1）加工圆锥前，必须车好端面，打好中心孔，保证工件总长，否则会影响工件斜角。

（2）根据工件要求，调整尾座偏移量 S。车正圆锥时尾座应偏向操作者；车倒圆锥时，尾座应偏离操作者。

计算尾座偏移量 S，用偏移尾座法车削圆锥时，尾座的偏移量不仅与圆锥长度有关，而且还与两个顶尖之间的距离有关，这段距离一般可近似看作工件总长 L。尾座偏移量 S 可以根据以下公式计算

$$S = L_0 \tan \frac{\alpha}{2} = L_0 \times \frac{D-d}{2L} \text{ 或 } S = \frac{C}{2} L_0$$

式中：S——尾座偏移量，mm；

D——大端直径，mm；

d——小端直径，mm；

L——圆锥长度，mm；

L_0——工件全长，mm；

C——锥度。

（3）计算偏移量 S 之后可用下列方法调整尾座。

① 用尾座刻度偏移尾座，如图 3.17 所示。

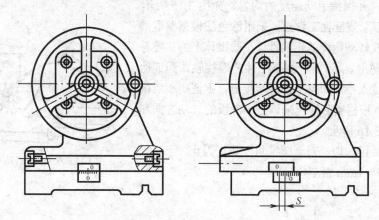

图 3.17　偏移尾座法车锥度

② 用百分表偏移尾座，如图 3.18 所示。

③ 用锥度量棒偏移尾座，如图 3.19 所示。

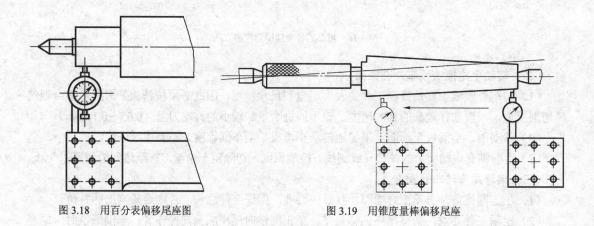

图 3.18　用百分表偏移尾座图　　　　图 3.19　用锥度量棒偏移尾座

三、拓展训练

训练一　根据图 3.20 所示尺寸进行操作训练。

【操作步骤】

（1）识读零件图，并进行工艺分析，确定操作步骤。

（2）根据操作要求合理选择刀具、量具、工具等。

（3）根据材料，用三爪自定心卡盘夹持毛坯外圆$\phi40$，伸出长度90mm左右，找正夹紧。

（4）车右端面，粗车$\phi31.27\times80$，先车至$\phi33\times79$。

（5）夹持$\phi33$外圆，粗、精车左端面及外圆$\phi38_{-0.05}^{0}$至尺寸，倒角$2\times45°$，总长控制在121mm。

（6）夹持$\phi38_{-0.05}^{0}$外圆，伸出长度90mm左右并找正，精车端面并保证总长120mm，精车外圆至$\phi32\times80$。

（7）小滑板逆时针转动圆锥半角$\alpha/2$，利用粗、精车外圆锥面的方法加工至尺寸。

（8）倒角$2\times45°$。

（9）用标准莫氏4#套规检测工件。

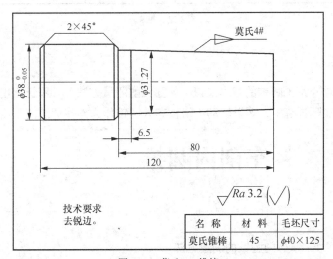

图3.20　莫氏4#锥棒

训练二　根据图3.21所示尺寸进行操作训练。

【操作步骤】

（1）识读零件图，并进行工艺分析，确定操作步骤。

（2）根据操作要求合理选择刀具、量具、工具等。

（3）根据材料，用三爪自定心卡盘夹持毛坯外圆$\phi35$，伸出长度155mm左右，找正夹紧。

（4）粗、精车右端面，打右端中心孔A2。

（5）采用一夹一顶的装夹法，车$\phi32_{-0.05}^{0}\times145$至$\phi34\times150$，$\phi18_{-0.05}^{0}\times60$至$\phi20\times59$。

（6）调头夹持$\phi34$外圆，伸出70mm左右长度，粗、精车左端面，保证总长200mm，粗、精车外圆$\phi18_{-0.05}^{0}\times60$至尺寸，打左端中心孔A2，倒角$1\times45°$。

（7）用两顶尖装夹好工件，车$\phi32_{-0.05}^{0}\times145$至尺寸，右边$\phi18_{-0.05}^{0}\times60$至尺寸。

（8）根据尾座偏移量$S=5.317$向里偏移尾座，粗、精车外圆锥面至尺寸。

（9）倒角$1\times45°$，去锐边。

（10）用标准莫氏4#套规检测工件。

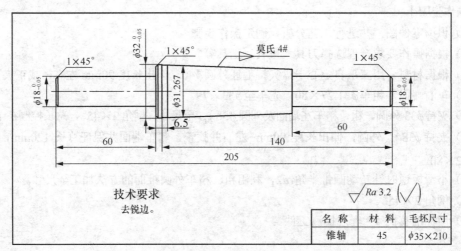

图 3.21　锥轴

四、课题小结

本课题中，着重介绍了圆锥的基本知识、外圆锥的测量方法、外圆锥常用的 3 种加工方法以及加工的要点。在实际训练中，要以转动小滑板车外圆锥作为操作训练的重点。

课题二　车削内圆锥

技能目标

1. 掌握内圆锥的测量方法
2. 熟练掌握内圆锥的车削方法

一、基础知识

1. 内圆锥的测量方法

内圆锥尺寸检测主要也是使用圆锥塞规。如图 3.22 所示，根据工件的直径尺寸及公差在圆锥塞规大端开有一个轴向距离为 m 的阶台（刻线），分别表示过端和止端。测量锥孔时，若锥孔的大端平面在两端面之间，则说明锥孔尺寸合格，如图 3.23（a）所示；若锥孔的大端平面超过了止端刻线，则说明锥孔尺寸太大了，如图 3.23（b）所示；若两刻线都没有进入锥孔，则说明锥孔尺寸小了，如图 3.23（c）所示。

2. 内圆锥的车削方法和步骤

车内圆锥面比车外圆锥面要困难，因为车锥孔时不易观察和测量。为了便于加工和测量，装夹工件时应使锥孔大端直径的位置在外端（靠近尾座方向）。其加工方法主要有转动小拖板法、仿形法和铰内圆锥法。下面介绍利用小拖板法车内圆锥面。

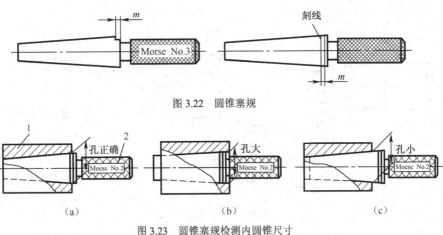

图 3.22　圆锥塞规

图 3.23　圆锥塞规检测内圆锥尺寸
1—工件　2—套规

（1）内圆锥车刀的选择和安装。

由于圆锥孔车刀刀柄尺寸受圆锥孔小端直径的限制，故为了增大刀柄刚度，宜选用圆锥形刀柄，且使刀尖与刀柄中心对称平面等高。装刀时，可以用车平面的方法调整车刀，使刀尖严格对准工件中心，刀柄伸出长度应保证其切削行程，刀柄与工件锥孔周围应留有一定空隙。车刀装夹好后还须停车在孔内摇动床鞍至终点，以检查刀柄是否会产生碰撞。

转动小滑板车削圆锥孔

（2）钻孔。

用小于锥孔小端直径 1～2mm 的麻花钻钻底孔。

（3）转动小滑板车外圆锥面。

根据公式计算出圆锥半角 $\alpha/2$，小滑板按逆时针方向转动一个圆锥半角 $\alpha/2$。如果要加工配合的圆锥表面，可以先转动小滑板车好外圆锥面，然后不要变动小滑板角度，将内圆锥车刀反装，使切削刃向下，主轴仍正转，便可以加工出与圆锥体相配合的圆锥孔，如图 3.24 所示。这种方法适于车削数量较少的配套圆锥，可以获得比较理想的配合精度。

（4）粗车内圆锥面。

与转动小滑板法车外圆锥面一样，在加工前也须调整好小滑板导轨与镶条的配合间隙，并确定小滑板的行程长度。加工时，车刀从外边开始切削（主轴仍正转），当塞规能塞进工件约 1/2 时检查校准圆锥角。

（5）找正圆锥角度。

用涂色法检测圆锥孔角度，根据擦痕情况调整小滑板转动的角度。经几次试切和检查后逐步将角度找正。

（6）精车内圆锥面。

精车内圆锥面控制尺寸的方法，与精车外圆锥面控制尺寸的方法相同，也可以采用计算法或移动床鞍法确定 a_p 值，如图 3.25 和图 3.26 所示。

3. 切削用量的选择

（1）车内圆锥面时，刀杆直径受到孔径的限制，所以切削速度要比车外圆锥面时低 10%～20%。

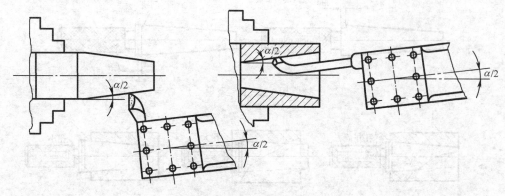

图 3.24 配合锥面的车削

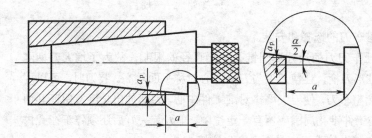

图 3.25 计算法控制圆锥孔尺寸

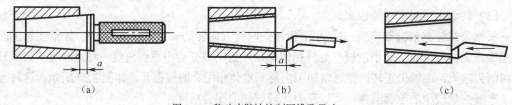

（a） （b） （c）

图 3.26 移动床鞍法控制圆锥孔尺寸

（2）手动进给要始终保持均匀，不能有停顿与快慢不均匀现象。最后一刀的背吃刀量 a_p 一般取 0.1～0.2mm 为宜。

（3）精车钢件时，可以加切削液或机油，以减小表面粗糙度值，提高表面质量。

4. 注意事项

（1）尽量选用刚度大的内圆锥车刀，车刀刀尖必须严格对准工件中心。

（2）粗车时不宜进刀过深，应大致找正锥度（检查工件与圆锥塞规配合是否有间隙）。

（3）用圆锥塞规涂色检查时，必须注意孔内清洁，显示剂必须涂在圆锥塞规表面，转动量在半圈之内且只可沿一个方向转动。

（4）取出圆锥塞规时要注意安全，不能敲击，以防工件移位。

（5）精车锥孔时要根据圆锥塞规上的刻线来控制锥孔尺寸。

5. 车圆锥面废品的分析

加工内、外圆锥面时，会产生很多缺陷。例如，锥度（角度）或尺寸不正确、双曲线误差、表面粗糙度值过大等。对所产生的缺陷必须根据具体情况进行仔细分析，找出原因，并采取相应的措施加以解决。主要的废品产生原因及预防方法见表3.5。

表3.5　　　　　　　　　　　　车圆锥时产生废品的原因及预防措施

废品种类	产生原因	预防措施
锥度（角度）不正确	用转动小滑板法车削时 （1）小滑板转动角度计算差错或小滑板角度调整不当 （2）车刀没有固紧 （3）小滑板移动时松紧不均	（1）仔细计算小滑板应转动的角度、方向，反复试车校正 （2）固紧车刀 （3）调整镶条间隙，使小滑板移动均匀
	用偏移尾座法车削时 （1）尾座偏移位置不正确 （2）工件长度不一致	（1）重新计算和调整尾座偏移量 （2）若工件数量较多，其长度必须一致，或两端中心孔深度一致
	用宽刃刀法车削时 （1）装刀不正确 （2）切削刃不直 （3）刃倾角$\lambda_s \neq 0°$	（1）调整切削刃的角度和对准中心 （2）修磨切削刃的直线度 （3）重磨刃倾角，使$\lambda_s = 0°$
大小端尺寸不正确	（1）未经常测量大小端直径 （2）刀具进给不合适	（1）经常测量大小端直径 （2）及时测量，用计算法或移动床鞍法控制切削深度a_p
双曲线误差	车刀刀尖未对准工件轴线	车刀刀尖必须严格对准工件轴线
表面粗糙度达不到要求	（1）切削用量选择不当 （2）手动进给忽快忽慢 （3）车刀角度不正确，刀尖不锋利 （4）小滑板镶条间隙不当 （5）未留足精车余量	（1）正确选择切削用量 （2）手动进给要均匀，快慢一致 （3）刃磨车刀，角度要正确，刀尖要锋利 （4）调整小滑板镶条间隙 （5）要留有适当的精车或铰削余量

二、拓展训练

根据图3.27所示尺寸进行操作训练。

【操作步骤】

（1）识读零件图，并进行工艺分析，确定操作步骤。

（2）根据操作要求合理选择刀具、量具、工具等。

（3）用三爪自定心卡盘夹持毛坯外圆$\phi45$，伸出长度65mm，找正并夹紧。

（4）粗、精车左端面，粗车外圆$\phi42$至$\phi43$。

（5）用麻花钻钻通孔$\phi23$。

（6）精车外圆$\phi42$至尺寸，倒角$1 \times 45°$。

（7）调头夹持外圆$\phi42$，伸出长度30mm左右，找正夹紧。

（8）粗、精车右端面，保证总长80mm，车$\phi38 \times 20$至尺寸。

（9）粗、精车$\phi25_{0}^{+0.033}$至尺寸。

（10）小滑板按顺时针方向转动圆锥半角$\omega/2$，利用粗、精车外圆锥面的方法车至尺寸。

（11）倒角$1 \times 45°$，去锐边。

（12）检查。

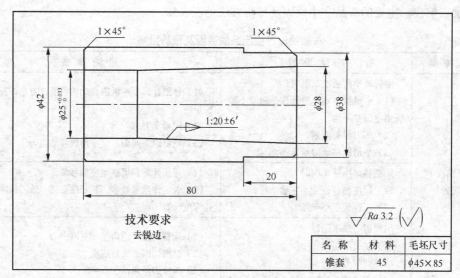

技术要求
去锐边。

名　称	材料	毛坯尺寸
锥套	45	$\phi45\times85$

图 3.27　锥套

三、课题小结

本课题中，着重介绍了内圆锥车削加工的特点、内圆锥的测量以及在圆锥的车削加工中产生废品的原因和预防措施。在实训中，不仅要进行外圆锥的车削练习，而且要结合外圆锥的车削来进行内外圆锥配合加工的训练。

模块总结

本模块以内、外圆锥车削加工为主导，着重介绍了圆锥的基础知识、车削加工和测量方法。通过本模块的学习，学生应掌握不同的圆锥零件所要采用的加工方法。

模块四 4 表面修饰和成形面的车削

学习目标

1. 掌握成形面节点尺寸的计算
2. 了解成形面的加工方法
3. 掌握双手控制法加工成形面的操作要领
4. 掌握零件修饰的加工方法

在机器零件中，有些零件还有一些特殊的形状和结构要求，如零件表面的素线不是直线而是曲线。本模块即通过对表面修饰和成形面的车削加工知识的介绍，通过对操作技能的训练来达到能熟练完成表面修饰和成形面车削的目的。

课题一 车成形面

在机械制造中，经常会遇到有些零件表面素线不是直线而是曲线的情况，如单球手柄、三球手柄、摇手柄及内、外圆弧槽等，这些带有曲线的零件表面叫成形面（又称特形面）。对于这类工件，应根据零件的结构特点、精度要求以及批量大小，分别采用双手控制法、成形法、仿形法、专用工具法等方法来加工。双手控制法和成形法是我们要掌握的重点。

技能目标
1. 掌握双手控制法和成形法加工成形面
2. 掌握成形面加工刀具的刃磨

一、基础知识

（一）双手控制法

1. 双手控制法的原理

双手控制法就是用左手控制中滑板手柄，右手控制小滑板手柄，使车刀运动为纵、横进给的合成运动，使车刀的进给轨迹与成形面相似，从而车出成形面，如图 4.1 所示。

在实际生产中，因操作小滑板手柄不仅劳动强度大，而且还不易连续转动，故不少工人常用控制床鞍纵向移动手柄和中滑板手柄来完成加工成形面的任务。

用双手控制法车削成形面，难度较大，生产效率低，表面质量差，精度低，所以只适用于精度要求不高，数量较少或单件产品的生产。

用双手控制法车成形面时，首先要分析曲面各点的斜率，然后根据斜率确定纵向、横向走刀的快慢，图 4.2 所示为圆球面的速度分析。车削 A 点时，横向进刀速度要慢，纵向退刀速度要快。车到 B 点时，横向进刀和纵向退刀速度基本相同。车到 C 点时，横向进刀要快，纵向退刀要慢，即可车出球面。车削时，关键是双手摇动手柄的速度配合要恰当。

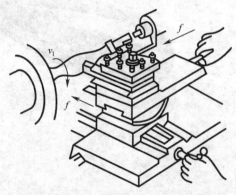

图 4.1 用双手控制纵向、横向进给车成形面

2. 节点尺寸的计算（见图 4.3）

长度 L 的计算公式：

$$L = \frac{1}{2}(D + \sqrt{D^2 - d^2})$$

式中：L——圆球部分长度，mm；

　　　D——圆球直径，mm；

　　　d——柄部直径，mm。

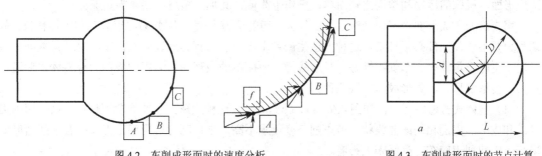

图 4.2　车削成形面时的速度分析　　　图 4.3　车削成形面时的节点计算

（二）双手控制法的车削步骤

在加工过程中一般先用外圆车刀按成形面形状粗车许多阶台，然后用双手控制圆弧车刀同时做纵向和横向进给，车去阶台尖角部分并使之基本成形，再用成形样板比照检查，需经过多次车削修正和检查才能符合要求。形状合格后要用细锉刀修光，再用砂布抛光。

1. **准备工作**

（1）刃磨车刀。车刀的主切削刃呈圆弧形。

（2）装夹工件。三爪自定心卡盘夹持工件。

2. **圆球及圆柱车削操作步骤**

（1）车两级外圆。按圆球部分的直径和长度 L 车出两级外圆（D，d），均留 0.3～0.5mm 余量，如图 4.4 所示。

（2）确定圆球的中心位置。车圆球前，用直尺量出圆球中心，并用车刀刻线痕。

（3）圆球部位倒角。用 45° 车刀先在圆球的两侧倒角，以减少加工余量，如图 4.5 所示。

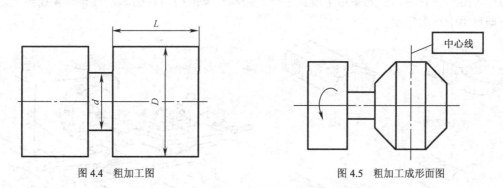

图 4.4　粗加工图　　　　　　　图 4.5　粗加工成形面图

（4）粗车右半球。车刀进至离右半球面中心线 4～5mm，接触外圆后，用双手同时移动中、小滑板，中滑板开始时进给速度要慢，以后逐渐加快；小滑板恰好相反，开始速度快，以后逐渐减慢。双手动作要协调一致。最后一刀离球面中心位置约 1.5mm，以保证有足够的切削余量。

（5）粗车左半球。车削方法与右半球相似，不同之处是球柄部与球面连接处要用车断刀清根，清根时注意不要碰伤球面。

（6）精车球面。提高主轴转速，适当减慢进给速度。车削时仍由球中心向两半球进行。最后一刀的起始点应从球的中心线痕处开始进给。注意勤检查，防止把球车废。

（三）成形刀车削法

成形刀车削法即用切削刃形状与工件廓形相符合的刀具，直接加工出成形面。用成形刀具加工成形面，机床的运动和结构比较简单，操作也简便，其加工精度主要靠刀具保证。

用成形刀车成形面由于切削时接触面较大，切削抗力也大，，因此易出现震动和工件移位。故切削力要小些，工件必须夹紧。这种方法生产效率高，但刀具刃磨较困难，车削时容易震动。故只用于生产批量较大、车削刚性好、长度较短且较简单的成形面，常用的成形刀有整体式普通成形刀、棱形成形刀、圆形成形刀等几种。

（1）整体式普通成形刀。如图4.6（a）、（b）所示，这种成形刀与普通车刀相似，只是切削刃磨成和成形面表面相同的曲线状。若车削精度要求不高，则切削刃可用手工刃磨；若车削精度要求高，则切削刃应在工具磨床上刃磨。

（2）棱形成形刀。如图4.6（c）所示，棱形成形刀由刀头和刀杆两部分组成。刀头的切削刃按工件形状在工具磨床磨出，后部的燕尾块装夹在弹性刀杆的燕尾槽内，并用螺钉紧固。棱形车刀调整方便，精度较高，寿命又长，但制造比较复杂，适用于数量较多、精度要求较高的成形面车削。

（3）圆形成形刀。如图4.6（d）所示，圆形成形刀的刀头做成圆轮形，在圆轮上开有缺口，以形成前刀面和主切削刃。使用时，为减小震动，通常将刀头安装在弹性刀杆上。为防止圆形刀头转动，在侧面做出端面齿，使之与刀杆侧面的端面齿相啮合。

成形刀具车削成形面

（四）仿形法

图4.7所示为用靠模加工工件2的成形面。此时刀架的横向滑板已经与丝杠脱开，其前端的连接板3上装有滑块5。当大拖板纵向走刀时，滑块5即在靠模4的曲线槽内移动，从而使车刀刀尖也随着做曲线移动，同时用小刀架控制切深，即可车出手柄的成形面。这种方法加工成形面，操作简单，生产率较高，因此多用于成批生产。当靠模4的槽为直槽时，将靠模4扳转一定角度，即可用于车削锥度。

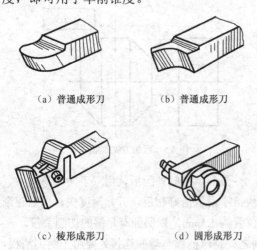

（a）普通成形刀　　（b）普通成形刀

（c）棱形成形刀　　（d）圆形成形刀

图4.6 成形车刀

图4.7 靠板靠模法车成形面

1—车刀　2—工件　3—连接板　4—靠模　5—滑块

用仿形法车削成形面，操作简单，劳动强度小，生产效率高，质量又好，是一种比较先进的车削方法。但需制造专用靠模，故仿形法车成形面特别适合于数量大、质量要求较高的成批大量生产，仿形法也有两种车削方法。

（1）靠板靠模法车削成形面。如图 4.7 所示，这种方法车削成形面，实际上与采用靠板靠模车圆锥方法相同，只是把锥度靠模换成带有曲线的靠模，把滑板换成滚柱就可以了。

（2）尾座靠模车削成形面。如图 4.8 所示，这种方法与靠板靠模不同的就是把靠模装在尾座的套筒上，而不是装在车床身上。其车削原理和靠板靠模车成形面完全一样。尾座靠模法较简单，在一般车床上都能使用，但是操作不方便，故不适合于批量生产。工件成形面的形状误差与靠模和靠模板的制造精度有较大的关系。另外特别要注意安装过程带来的误差，一般是预先加工一件，进行检测无质量问题后，再继续加工。

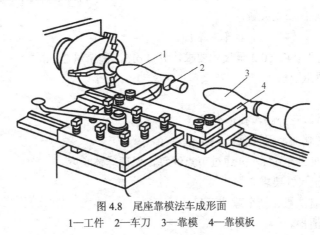

图 4.8　尾座靠模法车成形面
1—工件　2—车刀　3—靠模　4—靠模板

（五）车成形面的质量分析

为了保证成形面的外形正确，通常采用样板、千分尺等进行测量。用样板检查时应对准工件中心，并根据样板与工件之间的间隙大小来修整成形面；用千分尺检查时应通过工件中心，并多次变换测量方向，使其测量精度在图样要求范围之内，如果达不到图样要求，就会出现废品。

车成形面时，可能产生废品的种类、原因及预防措施见表 4.1。

表 4.1　　　　　　　　车成形面时产生废品的种类、原因及预防措施

废品种类	产生原因	预防措施
工件轮廓不正确	用成形车刀车削时，车刀形状刃磨得不正确，没有按主轴中心高度安装车刀，工件受切削力产生变形造成误差	仔细刃磨成形刀，车刀高度安装准确，适当减小进给量
	用双手控制进给车削时，纵向、横向进给不协调	加强车削练习，使纵向、横向进给协调
	用靠模加工时，靠模形状不准确，安装得不正确或靠模传动机构中存在间隙	使靠模形状准确，安装正确，调整靠模传动机构中的间隙
工件表面粗糙	车削复杂零件时进给量过大	减小进给量
	工件刚性差或刀头伸出过长，车削时产生震动	加强工件安装刚度及刀具安装刚度
	刀具几何角度不合理	合理选择刀具角度
	材料切削性能差，未经过预备热处理，难于加工；如产生积屑瘤，表面更粗糙	对材料进行预备热处理，改善切削性能；合理选择切削用量，避免产生积屑瘤
	切削液选择不当	合理选择切削液

二、拓展训练

根据图 4.9 所示尺寸进行操作训练。

成形表面的检验方法

【操作步骤】

（1）识读零件图，并进行工艺分析，确定操作步骤。

（2）根据操作要求合理选择刀具、量具、工具等。

（3）根据材料，用三爪自定心卡盘夹持毛坯外圆$\phi45$，伸出长度 50mm 左右，找正夹紧。

（4）粗、精车左端面。

（5）粗、精车外圆$\phi42\pm0.2$ 至尺寸要求，外圆$\phi15$，留余量 2mm。

（6）滚花达到图纸要求。

（7）倒角。

（8）包铜皮夹持滚花外圆，找正夹紧。

（9）粗、精车右端面，保证总长 68mm。

（10）粗车球体外圆至$\phi41$，并通过节点计算，保证球体长度。

（11）精车$\phi15$ 至尺寸要求。

（12）用双手控制法粗、精车球体至尺寸。

（13）用车断刀清根。

（14）去锐边。

（15）检查。

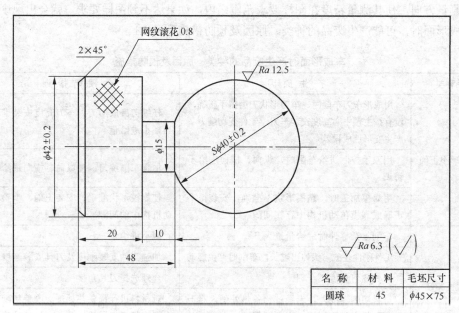

图 4.9　圆球

三、课题小结

在本课题中，主要学习了成形面加工的几种车削方法，以及在加工中的注意事项，操作中以双手控制法车削成形面作为练习的重点。

工件表面修饰加工

车削加工零件的表面修饰包括抛光和滚花，主要作用是使零件更美观和满足一些特定的要求。

技能目标

1. 了解抛光和滚花的作用和方法
2. 掌握用锉刀、砂布抛光及滚花的加工方法

任务一　表面抛光

一、基础知识

双手控制法车成形面时，由于采用手动进给，因此成形面往往不够均匀，使工件表面留下高低不平的车削痕迹，必须采用表面抛光的方法来达到所要求的表面粗糙度。抛光前要求表面粗糙度值小于 $Ra6.3\mu m$，并且形面正确。

二、任务实施

（一）用锉刀修整形面

一般选用平锉和半圆锉，沿着圆弧面锉削。在车床上锉削应采用左手握锉刀柄，右手扶住锉刀的前端进行锉削，如图 4.10 所示。锉刀向前推出时加压力，返回时不加压力，锉刀的工作长度要长一些，推锉时速度稍慢，一般控制在 30 次/分左右。

成形面的表面抛光

开始锉削时，如车削表面较粗糙，可先用粗齿锉刀将高低不平处基本锉平，然后再用细齿锉刀将表面锉光。

球面与柄部的连接部位要用半圆锉进行锉削，如图 4.11 所示。锉削是对成形面进行最后修整的工作，成形面凸出部位要用粉笔做记号，然后锉去，达到样板与工件形面吻合为止。

锉削时应注意以下几点。

（1）锉削时主轴转速不宜太高，一般切削速度取 15～20m/min。

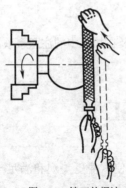 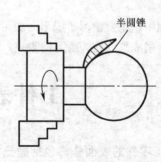

图 4.10 锉刀的握法　　　　　　　　　图 4.11　用半圆锉锉削连接部位

（2）锉削余量不宜过多，一般为 0.1～0.2m/min。

（3）为防止锉屑嵌入锉齿而拉毛工件表面，锉削前应在锉刀上涂粉笔，锉削一段时间后，用钢丝刷子顺着锉刀齿纹将锉屑刷去。

（4）为防止锉屑嵌入机床导轨，锉削前应在导轨上垫木板或硬纸。

（二）用砂布抛光成形面

用锉刀修整后的表面往往留有锉削痕迹，须用砂布抛光的方法去除。常用的砂布规格有 00 号、0 号、1 号、$1\frac{1}{2}$ 号和 2 号。砂布号数愈小，颗粒愈细。开始抛光时用粗砂布，最后用 00 号或 0 号细砂布。

用砂布抛光有两种操作方法。一种是将砂布垫在锉刀下面，用类似锉削的方法进行抛光，如图 4.12（a）所示。另一种是用双手捏住砂布的两端，在形面上抛光，如图 4.12（b）所示。

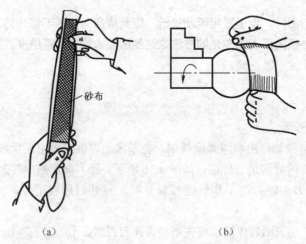

（a）　　　　　　　　　　　　　　　（b）

图 4.12　表面抛光的方法

三、任务小结

本任务主要练习了表面抛光的技能。重点介绍了用锉刀、砂布抛光的加工方法。

任务二　表面滚花

一、基础知识

有些工具和机器零件的捏手部分为增加摩擦力或使零件表面美观，常常在零件表面上滚出不同的花纹，称为滚花。滚花是用滚花刀挤压工件，使其表面产生塑性变形而形成的花纹。

1. 滚花的形状和各部分尺寸

滚花的花纹一般有直纹和网纹两种，并有粗细之分。滚花的花纹粗细用模数 m 表示。其形状和各部分尺寸如图 4.13 和表 4.2 所示。

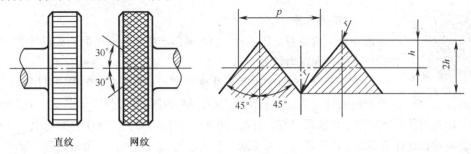

图 4.13　滚花的形状和各部分尺寸

表 4.2		滚花的各部分尺寸（GB 6403.3—2008）		（单位：mm）
模数 m	h	r		节距 p
0.2	0.132	0.06		0.628
0.3	0.198	0.09		0.942
0.4	0.264	0.12		1.257
0.5	0.326	0.16		1.571

注：1. 表中 $h=0.785m-0.414r$；

　　2. 滚花前工件表面粗糙度为 Ra12.5；

　　3. 滚花后工件直径大于滚花前直径，其值 $\Delta=(0.8\sim1.6)m$，m 为模数。

滚花的规定标记示例：

模数 $m=0.3$ 直纹滚花，其规定标记为：直纹 m0.3GB 6403.3—2008。

模数 $m=0.4$ 网纹滚花，其规定标记为：网纹 m0.4GB 6403.3—2008。

2. 滚花刀

滚花刀分为单轮直纹滚花刀、双轮网纹滚花刀和六轮网纹滚花刀 3 种。

单轮直纹滚花刀由直纹滚轮和刀柄组成，如图 4.14（a）所示，主要用于滚直纹。

双轮滚花刀由两只不同角度方向的滚轮和浮动连接头及刀柄组成，如图 4.14（b）所示，主要用于滚网纹。

六轮网纹滚花刀是将 3 组不同节距的双轮滚花刀装在同一特制的刀杆上，通过转动浮动连接头及刀柄组成，如图 4.14（c）所示。六轮网纹滚花刀也用于滚网纹，可以滚出粗细不同的 3 种模数的网纹。

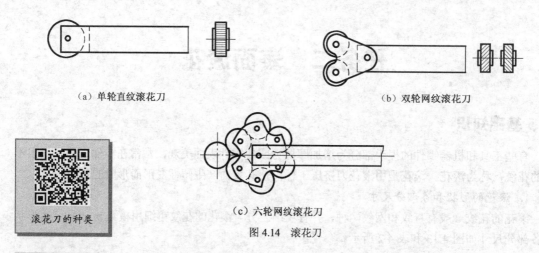

（a）单轮直纹滚花刀　　　　　　　　　　　　（b）双轮网纹滚花刀

（c）六轮网纹滚花刀

图 4.14　滚花刀

滚花刀的种类

滚花刀的安装

3. 滚花的方法

滚花是用滚花刀挤压工件，使其表面产生塑性变形而形成花纹的，所以滚花时产生的径向压力很大。

（1）由于滚花时工件表面产生塑性变形，所以在车削滚花外圆时，应根据工件材料的性质和滚花节距的大小，将滚花部分的外圆车小 0.2～0.5mm。

（2）滚花刀的安装应与工件表面平行。开始滚压时，挤压力要大，使工件圆周上一开始就形成较深的花纹，这样就不容易产生乱纹。为了减少开始时的径向压力，可用滚花刀宽度的 1/2 或 1/3 进行挤压，或把滚花刀尾部装得略向左偏一些，使滚花刀与工件表面产生一个很小的夹角，这样滚花刀就容易切入工件表面，如图 4.15 所示。在停车检查花纹符合要求后，即可纵向机动进给，这样滚压 1～2 次就可完成。

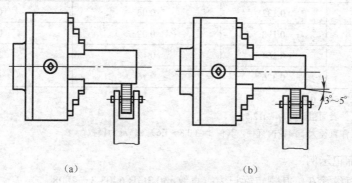

（a）　　　　　　　　　　　　　　　　（b）

图 4.15　滚花刀的装夹

（3）滚花时，应取较慢转速（切削速度一般取 7～15m/min），并应浇注充分的冷却润滑液，以防滚轮发热损坏，要经常加润滑油和清除切屑，以免损坏滚花刀和防止滚花刀被切屑滞塞而影响花纹的清晰程度。

（4）由于滚花时径向压力较大，所以工件装夹必须牢靠。尽管如此，滚花时出现工件移位现象仍是难免的。因此在加工带有滚花的工件时，通常采用先滚花，再找正工件，然后再精车的方法进行。

4. 乱纹的原因及预防

滚花时操作方法不当，很容易产生乱纹。乱纹的原因及预防见表 4.3。

表 4.3　　　　　　　　　　　　滚花时产生乱纹的原因及预防措施

废品种类	产 生 原 因	预 防 措 施
乱纹	工件外径周长不能被滚花刀节距 p 除尽	可把外圆略车小一些,使工件外径周长被滚花刀节距 p 除尽
	滚花开始时,吃刀压力太小或滚花刀跟工件表面接触过大	开始滚花时就要使用较大的压力或把滚花刀偏一个很小的角度
	滚花刀转动不灵或滚花刀跟刀杆小轴配合间隙太大	检查原因或调换小轴
	工件转速太高,滚花刀跟工作表面产生滑动	降低转速
	滚花前没有清除滚花刀中的细屑或滚花刀齿磨损	清除细屑或更换滚花刀

二、拓展训练

根据图 4.16 所示尺寸进行操作训练。

【操作步骤】

（1）备料毛坯尺寸为 $\phi20\times70$。

（2）识读零件图,并进行工艺分析,确定操作步骤。

（3）根据操作要求合理选择刀具、量具、工具等。

（4）根据材料,用三爪自定心卡盘夹持毛坯 $\phi20$ 外圆,伸出长度 40mm 左右,找正夹紧。

（5）粗、精车右端面。

（6）粗、精车达到图样尺寸。

（7）倒角。

（8）滚花,达到图纸要求。

（9）调头装夹,保证总长 22mm。

（10）检查。

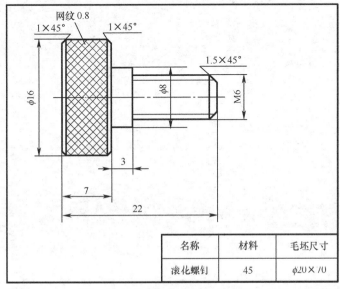

名称	材料	毛坯尺寸
滚化螺钉	45	$\phi20\times70$

滚花刀操作要点

图 4.16　滚花螺钉

三、任务小结

本任务介绍了什么是表面滚花，介绍了滚花的尺寸要求、滚花的工具和滚花的方法，并通过拓展训练练习了滚花加工。

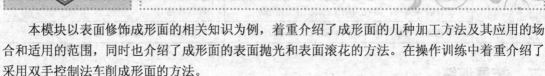

模块总结

本模块以表面修饰成形面的相关知识为例，着重介绍了成形面的几种加工方法及其应用的场合和适用的范围，同时也介绍了成形面的表面抛光和表面滚花的方法。在操作训练中着重介绍了采用双手控制法车削成形面的方法。

模块五 **5** 螺纹的车削

学习目标

1. 了解螺纹的分类、基本概念、各部分名称及相关计算
2. 掌握三角形螺纹车刀的几何角度、作用及刃磨的操作要领
3. 熟练掌握三角形螺纹车削的操作规程及技术要领
4. 熟练掌握三角螺纹的车削及测量方法
5. 掌握高速钢梯形螺纹车刀的几何角度、作用及刃磨的操作要领
6. 熟练掌握梯形螺纹的车削及测量方法

在机械制造业中，有许多零件都具有螺纹。由于螺纹既可用于连接、紧固及调节，又可用来传递动力或改变运动形式，因此应用十分广泛。螺纹的加工方法有多种，在专业生产中，一般采用滚压螺纹、轧制螺纹及搓螺纹等一系列先进工艺，而在机械加工中，通常采用车削的方法来加工螺纹。

螺纹的种类很多，有三角形螺纹、梯形螺纹、锯齿形螺纹及矩形螺纹，它们各有特点。在车削螺纹时，要根据螺纹的特点，掌握螺纹车削的要领，车出符合质量要求的螺纹。

车三角形螺纹

三角形螺纹的车削加工，是车工的基本技能之一。通过对三角形螺纹知识的学习，并通过相关技能的训练，掌握三角形螺纹的加工方法，同时也为其他种类螺纹的车前加工打下良好的基础。

技能目标

1. 掌握三角形螺纹车刀的刃磨
2. 熟练掌握三角形螺纹的车削方法
3. 掌握三角形螺纹的测量方法

一、基本知识

1. 螺纹的形成

假设有一直角三角形 ABC，其中 $AB=\pi d$，$\angle CAB=\psi$，把该三角形按逆时针方向围绕直径为 d 的圆柱体旋转一周，如图 5.1（a）所示，则三角形中 B 点与 A 点重合，C 点与圆柱体上 C' 点重合，而原来的斜边 AC 在圆柱面上形成一条曲线，这条曲线称为螺旋线。螺旋线与圆柱体端面的夹角 ψ（$\angle CAB$）称为螺纹升角。$AC'=BC=P$，P 称为螺旋线的螺距。

根据以上形成螺旋线的方法，现把圆柱体改成工件装夹在车床上，然后使工件做旋转运动，车刀［图 5.1（b）中所示为铅笔］沿工件轴线方向做等速移动（即进给运动），则在工件外圆上可以形成一条螺旋线，如图 5.2 所示。经多次切削，则该螺旋线就形成了螺旋槽。这就是螺纹的车削原理。

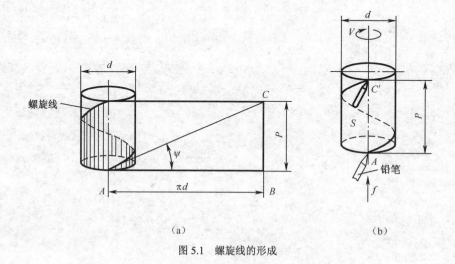

（a）　　　　　　　　　　　　　　（b）

图 5.1　螺旋线的形成

2. 螺纹的分类

（1）按用途分。可分为紧固螺纹（如车床上装夹车刀的螺纹）、传动螺纹（如车床上长丝杠）、密封螺纹（车床冷却管接头）等。

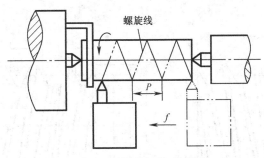

图 5.2　车削外螺纹示意图

（2）按牙型分。可分为三角形螺纹、矩形螺纹、锯齿形螺纹、梯形螺纹和圆形螺纹，如图 5.3 所示。

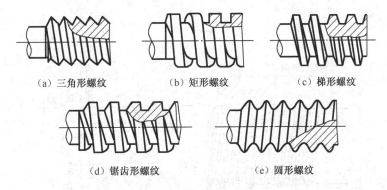

（a）三角形螺纹　　　　（b）矩形螺纹　　　　（c）梯形螺纹

（d）锯齿形螺纹　　　　　　（e）圆形螺纹

图 5.3　螺纹的分类

（3）按螺旋线方向分。可分为右旋螺纹和左旋螺纹。

（4）按螺旋线数分。可分为单线螺纹和多线螺纹。圆柱体端面上只有一条螺纹起点称单线螺纹，有两条或两条以上螺纹起点叫多线螺纹，这里主要介绍单线螺纹的车削。

（5）按螺纹母体形状分。可分为圆柱螺纹和圆锥螺纹。

3．螺纹各部分名称

在圆柱体表面上形成的螺纹称为外螺纹。在圆柱体内表面上形成的螺纹称为内螺纹。三角形螺纹的各部分名称如图 5.4 所示。

（1）牙型角（α）。在螺纹牙型上，两相邻牙侧间的夹角。普通三角形螺纹 α 为 60°。

（2）螺距（P）。相邻两牙在中径线上对应两点间的轴向距离。

（3）导程（P_h）。在同一螺旋线上的相邻两牙在中径线上对应两点之间的轴向距离，即螺纹旋转一圈后沿轴向所移动的距离。当螺纹为单线时，导程 P_h 等于螺距 P，当螺纹为多线时，导程 P_h 等于螺纹的线数 n 乘以螺距 P。

（4）大径（d、D）。与外螺纹牙顶或内螺纹牙底相重合的假想圆柱面的直径。外螺纹大径用 d 表示，内螺纹大径用 D 表示。

（5）中径（d_2、D_2）。母线通过牙型上沟槽和凸起宽度相等的一个假想圆柱的直径。外螺纹中径用 d_2 表示，内螺纹中径用 D_2 表示。

（6）小径（d_1、D_1）。与外螺纹牙底或内螺纹牙顶相重合的假想圆柱面的直径。外螺纹小径用 d_1 表示，内螺纹小径用 D_1 表示。

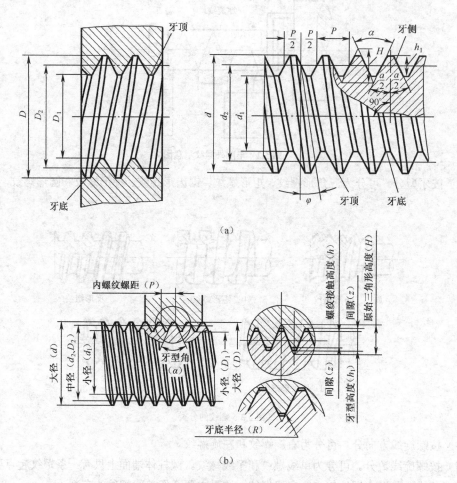

图 5.4　三角形螺纹各部分名称

（7）原始三角形高度（H）。由原始三角形顶点沿垂直于螺纹轴线方向到其底边的距离。

（8）牙型高度（h_1）。在螺纹牙型上，牙顶到牙底在垂直于螺纹轴线方向上的距离。

（9）螺纹接触高度（h）。两个相互配合螺纹的牙型上，牙侧重合部分在垂直于螺纹轴线方向上的距离。

（10）间隙（z）。牙型高度与螺纹接触高度之差。

（11）螺纹升角（ψ）。在中径圆柱或中径圆锥上，螺旋线的切线与垂直于螺纹轴线的平面间的夹角，如图 5.1（a）所示。

螺纹升角可按下式计算：

$$\tan \psi = \frac{nP}{\pi d_2} = \frac{L}{\pi d_2}$$

式中：n——螺旋线数；

　　P——螺距，mm；

　　d_2——中径，mm；

　　L——导程，mm。

4. 螺纹基本尺寸计算

三角形螺纹因其规格及用途不同，分为普通螺纹、英制螺纹和管螺纹 3 种。

（1）普通螺纹的尺寸计算。

普通螺纹是应用最广泛的一种三角形螺纹。这种螺纹可分为粗牙和细牙普通螺纹，牙型角均为 60°，如图 5.5 所示。

粗牙普通螺纹的代号用字母"M"及公称直径表示，如 M16、M27 等。操作者必须熟记 M6～M24 的螺距，因为普通粗牙三角形螺纹的螺距是不直接标注的，且 M6～M24 是经常使用的螺纹。表 5.1 列出了 M6～M24 螺纹的螺距。

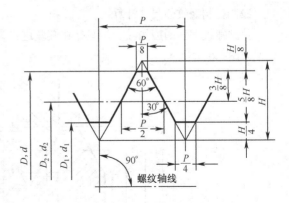

图 5.5　普通三角形螺纹牙型

表 5.1		M6 ~ M24 螺纹的螺距		（单位：mm）
公 称 直 径	螺距（P）		公 称 直 径	螺距（P）
6	1		16	2
8	1.25		18	2.5
10	1.5		20	2.5
12	1.75		22	2.5
14	2		24	3

细牙普通螺纹与粗牙普通螺纹不同的是：当公称直径相同时，细牙普通螺纹的螺距比粗牙普通螺纹的螺距要小。在标注时粗牙普通螺纹不直接标注螺距，而细牙普通螺纹是直接标注螺距的，如 M16×1.5，表示螺纹的公称直径是 16mm，螺距是 1.5mm。

在螺纹代号后若注明"左"字，则是左旋螺纹，未注明的为右旋螺纹。

普通螺纹的基本尺寸计算见表 5.2。

表 5.2		普通三角螺纹的尺寸计算	
名　　称		代　　号	计 算 公 式
外螺纹	牙型角	α	60°
	原始三角形高度	H	$H=0.866P$
	牙型高度	h	$h=\dfrac{5}{8}H=\dfrac{5}{8}\times0.866P=0.5413P$
	中径	d_2	$d_2=d-2\times\dfrac{5}{8}H=d-0.6495P$
	小径	d_1	$d_1=d-2h=d-1.0825P$
内螺纹	中径	D_2	$D_2=d_2$
	小径	D_1	$D_1=d_1$
	大径	D	$D=d=$公称直径
螺纹升角		ψ	$\tan\psi=\dfrac{np}{\pi d_2}$

（2）英制螺纹的尺寸计算。

英制螺纹在我国应用较少，只是在某些进口设备和维修旧设备时会用到。英制三角形螺纹的牙型如图 5.6 所示。

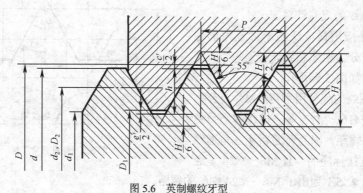

图 5.6 英制螺纹牙型

尺寸计算公式见表 5.3。英制螺纹的公称直径是指内螺纹大径 D，并用英寸（in）表示，即用每英寸长度中的牙数（n）表示，如 1 in（25.4mm）12 牙，其螺距为 1/12 in。英制螺距与米制螺距的换算如下：

$$P = 1\text{in} / n = 25.4 / n \text{（mm）}$$

英制螺纹的基本尺寸可通过表 5.3 所列公式计算出，也可通过相关标准直接查得。

表 5.3　　　　　　　　　　　　英制三角螺纹的尺寸计算

名　称		代　号	计 算 公 式
牙型角		α	55°
螺距		P	$P = \dfrac{1\text{in}}{n} = \dfrac{25.4}{n}$
原始三角形高度		H	$H = 0.960\,49P$
外螺纹	大径	d	$d = D - c'$
	牙顶间隙	c'	$c' = 0.075P + 0.05$
	牙型高度	h	$h = 0.640\,33P - \dfrac{c'}{2}$
	中径	d_2	$d_2 = d - 0.640\,33P$
	小径	d_1	$d_1 = d - 2h$
内螺纹	大径	D	$D = $ 公称直径
	中径	D_2	$D_2 = d_2$
	小径	D_1	$D_1 = d - 2h - c' + e'$
	牙底间隙	e'	$e' = 0.148P$

（3）管螺纹的尺寸计算。

管螺纹是一种特殊的英制细牙螺纹，其牙型角有 55° 和 60° 两种，管螺纹按母体形状分为圆柱管螺纹和圆锥管螺纹，它常用在流通气体或液体的管子接头旋塞、阀门等附件中。计算管子中流量时为了方便，常将管子直径作为螺纹的公称直径。常见的管螺纹有非密封的螺纹（55° 非密封管螺纹）、用螺纹密封的螺纹（55° 密封管螺纹）和 60° 圆锥管螺纹 3 种，如图 5.7 所示，其中

55°非密封管螺纹用得较少。

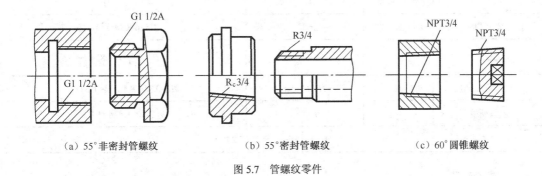

| (a) 55°非密封管螺纹 | (b) 55°密封管螺纹 | (c) 60°圆锥管螺纹 |

图 5.7 管螺纹零件

① 55°非密封管螺纹。

55°非密封管螺纹各部分尺寸计算公式见表5.4。

表 5.4 55°非密封管螺纹的尺寸计算

名　　称	代　　号	计 算 公 式	示　　例
牙型角	α	55°	3/4in（14牙）
螺距	P	$P=\dfrac{25.4}{n}$	$P=\dfrac{25.4}{14}=1.814$
原始三角形高度	H	$H=0.96049p$	$H=0.96049\times1.874=1.742$
牙型高度	h	$h=0.64033p$	$h=0.64033\times1.814=1.16$
圆弧半径	r	$r=0.13733p$	$r=0.13733\times1.814=0.249$

② 55°密封管螺纹。

55°密封管螺纹在螺纹的顶部和底部在 $H/6$ 处倒圆，55°密封管螺纹有 1:16 的锥度，使用时越旋越紧、配合紧密，可用在高压管接头处，见表5.5。

表 5.5 55°密封管螺纹的尺寸计算

名　　称	代　　号	计 算 公 式	示　　例
牙型角	α	55°	3/4in（14牙）
螺距	P	$P=\dfrac{25.4}{14}$	$P=\dfrac{25.4}{14}=1.814$
原始三角形高度	H	$H=0.96024p$	$H=0.96024\times1.814=1.742$
牙型高度	h	$h=0.64033p$	$h=0.64033\times1.814=1.16$
圆弧半径	r	$r=0.13728p$	$r=0.13728\times1.814=0.249$

③ 60°圆锥管螺纹。

它属于英制管螺纹，螺纹顶部和底部处削平，内外螺纹配合没有间隙。60°圆锥管螺纹尺寸计算见表5.6。

表 5.6　　　　　　　　　　　　　60° 圆锥管螺纹尺寸计算

名　称	代　号	计　算　公　式	示　例
牙型角	α	60°	3/4 in（14 牙）
螺距	P	$P=\dfrac{25.4}{n}$	$P=\dfrac{25.4}{14}=1.814$
原始三角形高度	H	$H=0.866p$	$H=0.866\times1.874=1.571$
牙型高度	h	$h=0.8p$	$h=0.8\times1.814=1.45$
		$K=1:16$　　$\phi=1°47'24''$	

5. 螺纹车刀

（1）螺纹车刀材料的选择。

按车刀切削部分的材料不同，螺纹车刀分为高速钢螺纹车刀、硬质合金螺纹车刀两种。

① 高速钢螺纹车刀。高速钢螺纹车刀刃磨方便，切削刃锋利，韧性好，刀尖不易崩裂，车出螺纹的表面粗糙度值小。但它的热稳定性差，不宜高速车削，所以常用在低速切削或作为螺纹精车刀。

② 硬质合金螺纹车刀。硬质合金螺纹车刀的硬度高，耐磨性好，耐高温，热稳定性好。但抗冲击能力差，因此，硬质合金螺纹车刀适用于高速切削。

（2）螺纹升角对车刀角度的影响。

受螺纹升角的影响和车刀径向前角的存在，加工螺纹时车刀两侧的切削刃不通过工件的轴线，因此车出的螺纹牙侧不是直线，而是曲线。由此可见，螺纹车刀的工作角度比一般车刀的角度要复杂得多。

① 螺纹升角对车刀侧刃后角的影响。车螺纹时，受螺纹升角的影响，切削平面和基面的位置发生变化，从而使车刀工作时的前角和后角与车刀静止时的前角和后角的数值不相同，如图 5.8 所示。螺纹升角越大，对工作时的前角和后角的影响越明显。三角形螺纹的螺纹升角一般比较小，影响也较小，但在车削矩形、梯形螺纹和螺距较大的螺纹时，影响就比较大。因此，在刃磨螺纹车刀时，必须注意此影响。

螺纹升角会使车刀沿进给方向一侧的工作后角变小，使另一侧工作后角增大。为了避免车刀后面与螺纹牙侧发生干涉，保证切削顺利进行，应将车刀沿进给方向一侧的后角 α_{oL} 磨成工作后角加上螺纹升角，即 $\alpha_{oL}=(3°\sim5°)+\psi$；为了保证车刀强度，应将车刀背着进给方向一侧的后角 α_{oL} 磨成工作后角减去螺纹升角，即 $\alpha_{oL}=(3°\sim5°)-\psi$。车削左旋螺纹时，情况正好相反。

② 螺纹升角对车刀两侧前角的影响。由于螺纹升角的影响，使基面位置发生了变化，从而使车刀两侧的工作前角也与静止前角的数值不相同。虽然螺旋升角对三角形外螺纹车刀两侧前角的影响在刃磨螺纹车刀时不作修正，但在车刀装卡时，必须给予充分的注意。

如果车刀两侧刃磨前角均为 0°，则车削右旋螺纹时，左刀刃在工作时是正前角，切削比较顺利，而右刀刃在工作时是负前角，切削不顺利，排屑也困难，如图 5.8ⓐ所示。为了改善上述状况，可用图 5.8ⓑ所示的方法，将车刀两侧切削刃组成的平面垂直于螺旋线装夹，这时两侧刀刃的工作前角都为 0°；或在前刀面上沿两侧切削刃上磨有较大前角的卷屑槽，如图 5.8ⓒ和图 5.8ⓓ所示，使切削顺利，并有利于排屑。

③ 径向前角γ_p对车削螺纹牙型角的影响。当径向前角$\gamma_p=0°$时，螺纹车刀的刀尖角ε_r应等于螺纹的牙型角α。车削螺纹时，由于车刀排屑不畅，致使螺纹表面粗糙度值较大，影响加工精度。

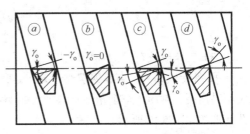

图 5.8　螺纹升角对车刀两侧前角的影响

若径向前角$\gamma_p>0°$，虽然排屑比较顺利，且可减少积屑瘤现象，但由于螺纹车刀两侧切削不与工件轴向重合，使得车出工件的螺纹牙型角α大于车刀的刀尖角ε_r。径向前角γ_p越大，牙型角的误差也越大。同时，还会使车削出的螺纹牙型在轴向剖面内不是直线，而是曲线，会影响螺纹副的配合质量。

所以，车削精度要求较高的螺纹时，其精车刀刀尖角应等于螺纹的牙型角，两侧切削刃必须是直线，且径向前角应取得较小（$\gamma_p=0°\sim15°$），才能车出较正确的牙型。

若车削精度要求不高的螺纹，则其车刀允许磨有较大的径向前角（$5°\sim15°$），但必须对车刀两刃夹角ε_r进行修正，其修正值可参见表 5.7，也可根据图 5.9 所示进行修正计算。

表 5.7　　　　　　　　　　　　　前刀面上刀尖角修正值

牙型角 刀尖角 径向前角	60°	55°	40°	30°	29°
0°	60°	55°	40°	30°	29°
5°	59°48′	54°48′	39°51′	29°53′	28°53′
10°	59°14′	54°16′	39°26′	29°33′	28°34′
15°	58°18′	53°23′	38°44′	29°01′	28°03′
20°	56°57′	52°8′	37°45	28°16′	27°19′

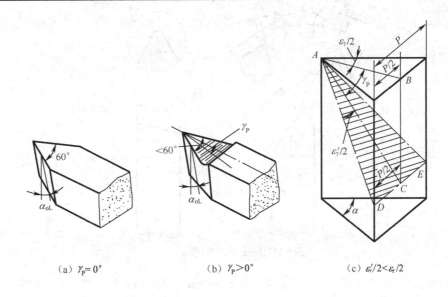

(a) $\gamma_p=0°$　　　　　　(b) $\gamma_p>0°$　　　　　　(c) $\varepsilon_\gamma'/2<\varepsilon_\gamma/2$

图 5.9　螺纹车刀径向前角及其影响

$$\tan\frac{\varepsilon'_\gamma}{2}=\cos\gamma_P\ \tan\frac{\alpha}{2}$$

（3）三角螺纹车刀的几种形式。

① 外螺纹车刀。高速钢螺纹车刀，刃磨比较方便，切削刃容易磨得锋利，而且韧性较好，刀尖不易崩裂。常用于车削塑性材料、大螺距螺纹和精密丝杠等工件，常见的高速钢外螺纹车刀的几何形状如图 5.10 所示。

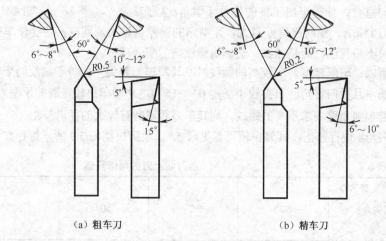

（a）粗车刀　　　　　　　　　　　　（b）精车刀

图 5.10　高速钢三角形螺纹车刀

三角螺纹车刀的种类和特点

由于高速钢车刀刃磨时易退火，在高温下车削时易磨损，所以加工脆性材料（如铸铁）或高速切削塑性材料及加工批量较大的螺纹工件时，应选用图 5.11 所示的硬度高、耐磨性好、耐高温的硬质合金螺纹车刀。

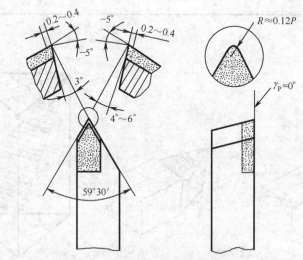

图 5.11　硬质合金三角形螺纹车刀

② 内螺纹车刀。根据所加工内孔的结构特点来选择合适的内螺纹车刀。由于内螺纹车刀的大小受内螺纹孔径的限制，所以内螺纹车刀刀体的径向尺寸应比螺纹孔径小 3～5mm 以上，否则退刀时易碰伤牙顶，甚至无法车削。

此外，在车内圆柱面时，曾重点提到有关提高内孔车刀的刚性和解决排屑问题的有效措施，在选择内螺纹车刀的结构和几何形状时也应给予充分的注意。高速钢内螺纹车刀的几何角度如图5.12所示，硬质合金内螺纹车刀的几何角度如图5.13所示。内螺纹车刀除了其刀刃几何形状应具有外螺纹刀尖的几何形状特点外，还应具有内孔刀的特点。

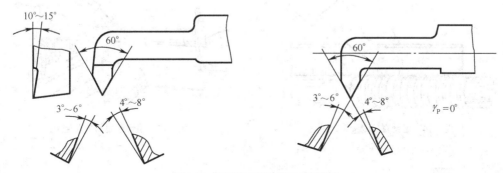

图 5.12　高速钢内螺纹车刀几何角度

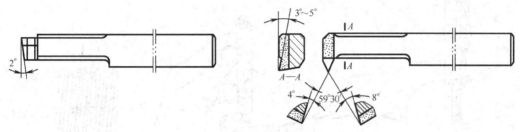

图 5.13　硬质合金内螺纹车刀几何角度

（4）三角形螺纹的测量。

三角形螺纹的测量一般使用螺纹量规进行综合测量，也可以进行单项测量，单项测量指的是螺纹的大径和中径等分项测量。综合测量是对螺纹的各项精度要求进行综合性的测量。

①　单项测量法。单项测量是选择合适的量具来测量螺纹的某一项参数的精度。常见的有测量螺纹的顶径、螺距、中径。

由于螺纹的顶径公差较大，故一般只需用游标卡尺测量即可。在车削螺纹时，螺距的正确与否，从第一次纵向进给运动开始就要进行检查。可用第一刀在工件上划出一条很浅的螺旋线，用钢直尺或游标卡尺进行测量（见图5.14）。螺距也可用螺距规测量，用螺距规测量时，应将螺距规沿着通过工件轴线的平面方向嵌入牙槽中，如完全吻合，则说明被测螺距是正确的，如图5.15所示。

三角形螺纹的中径可用螺纹千分尺测量，如图5.16所示。螺纹千分尺的结构和使用方法与一般千分尺相似，其读数原理与一般千分尺相同，只是它有两个可以调整的测量头（上测量头、下测量头）。在测量时，两个与螺纹牙型角相同的测量头正好卡在螺纹牙侧，所得到的千分尺读数就是螺纹中径的实际尺寸。

螺纹千分尺附有两套（60°和55°牙型角）适用不同螺纹的螺距测量头，可根据需要进行选择。测量头插入千分尺的轴杆和砧座的孔中，更换测量头之后，必须调整砧座的位置，使千分尺对准零位。

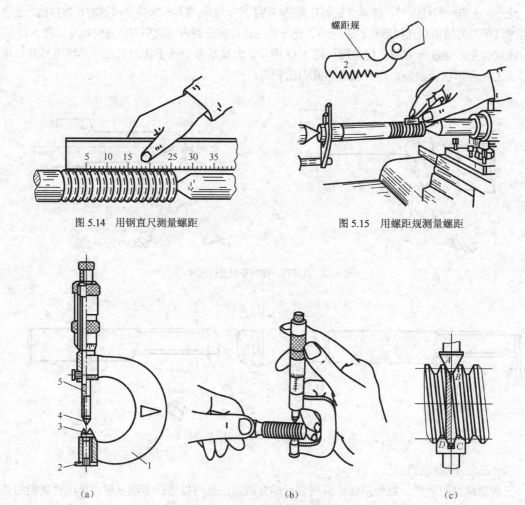

图 5.14　用钢直尺测量螺距　　　　　　图 5.15　用螺距规测量螺距

图 5.16　三角形螺纹中径的测量

　　② 综合测量。综合测量是采用螺纹量规对螺纹各部分主要尺寸同时进行综合检验的一种测量方法。这种方法效率高，使用方便，能较好保证互换性，广泛应用于对标准螺纹或大批量生产的螺纹工件的测量。

　　螺纹量规包括螺纹环规和螺纹塞规两种，而每一种又有通规和止规之分，如图 5.17 所示。螺纹环规用来测量外螺纹，螺纹塞规用来测量内螺纹。测量时，如果通规刚好能旋入，而止规不能旋入，则说明螺纹精度合格。对于精度要求不高的螺纹，也可以用标准螺母和螺杆来检验，以旋入工件时是否顺利和松动的程度来确定是否合格。

　　（5）三角形螺纹的车削。

　　车削三角形螺纹的进给方法有 3 种，应根据工件的材料、螺纹外径的大小及螺距的大小来选定，下面分别介绍 3 种进给方法。

　　① 直进法。用直进法车削车螺纹时（见图 5.18），螺纹车刀刀尖及左右两侧刃都直接参加切削工作。每次进给由中滑板做横向进给，随着螺纹深度的加深，背吃刀量相应减少，直

至把螺纹车削好为止。这种车削方式操作较简便，车出的螺纹牙型正确，但由于车刀的两侧刃同时参加切削，排屑较困难，刀尖容易磨损，螺纹表面粗糙度值较大，当背吃刀量较深时容易产生"扎刀"现象。因此，这种车削方法适用于螺距小于 2mm 或材料为脆性材料的螺纹车削。

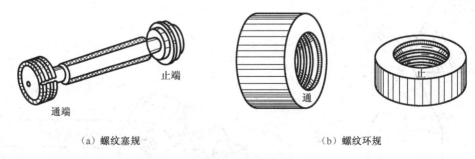

（a）螺纹塞规 （b）螺纹环规

图 5.17 螺纹量规

② 左右切削法。左右切削法车螺纹时（见图 5.19），除了用中滑板刻度控制螺纹车刀的横向进给外，同时使用小滑板的刻度使车刀左右微量进给。采用左右切削法车削螺纹时，要合理分配切削余量，粗车时可顺着进给方向偏移，一般每边留精车余量 0.2～0.3mm。精车时，为了使螺纹两侧面都比较光洁，当一侧面车光以后，再将车刀偏移到另一侧面车削。粗车时切削速度取 10～15m/min，精车时切削速度小于 6m/min，背吃刀量小于 0.05mm。

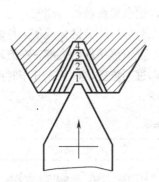

图 5.18 直进法车削三角形螺纹

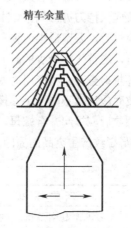

图 5.19 左右切削法车削三角形螺纹

左右车削法的操作比直进法复杂，但切削时只有车刀刀尖及一条刃参加切削，排屑较顺利，刀尖受力、受热有所改善，不易扎刀，相应地可提高切削用量，能取得较细的表面粗糙度。由于受单侧进给力的影响，故有增大牙型误差的趋势。它适用于除矩形螺纹外的各种螺纹粗、精车，有利于加大切削用量，提高切削效率。

③ 斜进切削法。斜进法车削三角形螺纹与左右切削法相比，小滑板只向一个方向进给（见图 5.20）。斜进法操作比较方便，但由于背离小滑板进给方向的牙侧面粗糙度值较大，因此只适宜于粗车螺纹。在精车时，必须用左右切削法才能使螺纹的两侧面都获得较小的表面粗糙度值。采用高速钢车刀低速车螺纹时要加注切削液，为防止"扎刀"现象，最好采用图 5.21 所示的弹性

刀柄。当切削力超过一定值时，这种刀柄能使车刀自动让开，使切屑保持适当的厚度，粗车时可避免"扎刀"现象，精车时可降低螺纹表面粗糙度值。

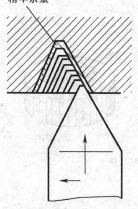

图 5.20 斜进法车削三角形螺纹

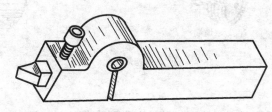

图 5.21 弹性刀柄螺纹车刀

（6）容易产生的问题和注意事项。

① 车螺纹前要检查主轴手柄位置，用手旋转主轴（正、反），看是否过重或空转量过大。

② 由于初学者操作不熟练，宜采用较低的切削速度，并注意在练习时思想要集中。

③ 车螺纹时，开合螺母必须闸到位，如感到未闸好，应立即起闸，重新进行。

④ 车螺纹应保持刀刃锋利。如中途换刀或磨刀，必须重新对刀，并重新调整中滑板刻度。

⑤ 粗车螺纹时，要留适当的精车余量。

⑥ 精车时，应首先用最少的赶刀量车光一个侧面，把余量留给另一侧面。

⑦ 使用环规检查时，不能用力太大或用扳手拧，以免环规严重磨损或使工件发生移位。

⑧ 车螺纹时应注意不能用手去摸正在旋转的工件，更不能用棉纱去擦正在旋转的工件。

⑨ 车完螺纹后应提起开合螺母，并把手柄拨到纵向进刀位置，以免在开车时撞车。

（7）三角形螺纹产生废品的原因及预防措施见表 5.8。

表 5.8　　　　　　　　　　　　　　　废品分析及预防方法

废品种类	产 生 原 因	预 防 方 法
中径 不正确	1. 车刀切削深度不正确，以顶径为基准控制切削深度，忽略了顶径误差的影响 2. 刻度盘使用不当	1. 经常测量中径尺寸，应考虑顶径的影响，调整切削深度 2. 正确使用刻度盘
螺距（导程）不正确	1. 交换齿轮计算或组装错误，进给箱、溜板箱有关手柄位置扳错 2. 局部螺距（导程）不正确：车床丝杠和主轴的窜动过大；溜板箱手轮转动不平衡；开合螺母间隙过大 3. 车削过程中开合螺母自动抬起	1. 在工件上先车一条很浅的螺旋线，测量螺距（导程）是否正确 2. 调整好主轴和丝杠的轴向窜动量及开合螺母间隙，将溜板箱手轮拉出使之与传动轴脱开，使床鞍均匀运动 3. 调整开合螺母镶条，适当减小间隙，控制开合螺母传动时抬起，或用重物挂在开合螺母手柄上防止中途抬起
牙型 不正确	1. 车刀刀尖刃磨不正确 2. 车刀安装不正确 3. 车刀磨损	1. 正确刃磨和测量车刀刀尖角度 2. 装刀时用样板对刀 3. 合理选用切削用量，及时修磨车刀

续表

废品种类	产 生 原 因	预 防 方 法
表面粗糙度值大	1. 刀尖产生积屑瘤 2. 刀柄刚性不够，切削时产生震动 3. 车刀径向前角太大，中滑板丝杠螺母间隙过大产生扎刀 4. 高速切削螺纹时，切削厚度太小或切屑向倾斜方向排出，拉毛已加工牙侧表面 5. 工件刚性差，而切削用量过大 6. 车刀表面粗糙	1. 用高速钢车刀切削时应降低切削速度，并正确选择切削液 2. 增加刀柄截面，并减小刀柄伸出长度 3. 减小车刀径向前角，调整中滑板丝杠螺母间隙 4. 高速钢切削螺纹时，最后几刀的切削厚度不要太小，以免车刀和加工表面产生挤压，导致"扎刀"，并使切屑沿垂直轴线方向排出 5. 选择合理的切削用量 6. 刀具切削刃口的表面粗糙度值应比零件加工表面粗糙度值小 2～3 级
乱牙	工件的转数不是丝杠转数的整数倍	1. 第一次行程结束后，不提起开合螺母，将车刀退出后，开倒车使车刀沿纵向退回，再进行第二次行程车削，如此反复至将螺纹车好 2. 进刀纵向行程完成后，提起开合螺母脱离传动链退回，刀尖位置产生位移，应重新对刀

二、课题实施

（一）刃磨三角形螺纹车刀（见图 5.10）

【操作步骤】

（1）车刀材料为高速钢，选用氧化铝砂轮。

（2）粗磨后刀面（粗磨选用粗粒度砂轮）。先磨左侧后刀面，刃磨时双手握刀，使刀柄中心线与砂轮外圆水平方向成 30°，垂直方向倾斜 8° 左右，车刀与砂轮接触后稍加压力，并均匀慢慢移动磨出后刀面。

（3）粗磨右侧后刀面，刃磨方法与左侧面相同。

（4）后刀面基本磨好后用螺纹样板透光检查刀尖角 60°（见图 5.22）。

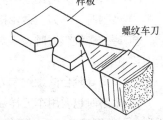

图 5.22　用螺纹样板检查刀尖角

（5）粗磨前刀面，将车刀前刀面与砂轮平面水平方向倾斜 10°～15°，同时垂直方向作微量倾斜使左侧切削刃略低于右侧切削刃，前刀面与砂轮接触后稍加压力刃磨，逐渐磨至靠近刀尖处。

（6）精磨前、后刀面（选用 80 粒度氧化铝砂轮），先精磨前刀面，后精磨左侧后刀面，再精磨右侧后刀面，刃磨方法与粗磨相同。

（7）检查刀尖角，因车刀有径向前角，所以螺纹样板应水平放置，做透光检查。如发现角度不正确，应及时修复至符合样板角度要求。

（8）磨刀尖圆弧，车刀刀尖对准砂轮外圆，后角保持不变，刀尖移向砂轮，当刀尖处碰到砂轮时，做圆弧形摆动，磨出刀尖圆弧。圆弧 R 应小于 $P/8$。如 R 太大使车削的三角形螺纹底径太宽，则会造成螺纹环规通端旋不进，而止规旋进，导致螺纹不合格。

（9）用油石研磨前、后刀面。

（二）刃磨三角形内螺纹车刀（见图 5.12）

【操作步骤】

（1）车刀材料为高速钢，选用氧化铝砂轮。

（2）粗磨后刀面（粗磨选用粗粒度砂轮）。先磨左侧后刀面，刃磨时双手握刀，使刀柄中心线与砂轮外圆水平方向成 60°，垂直方向倾斜 8° 左右，车刀与砂轮接触后稍加压力，并均匀慢慢移动磨出后刀面。

（3）粗磨右侧后刀面，刃磨方法与左侧面相同。

（4）后刀面基本磨好后用螺纹样板透光检查刀尖角 60°。

（5）粗磨前刀面，将车刀前刀面与砂轮平面水平方向倾斜 10° 左右，同时垂直方向做微量倾斜使左侧切削刃略低于右侧切削刃，前刀面与砂轮接触后稍加压力刃磨，逐渐磨至靠近刀尖处。

（6）精磨前、后刀面（选用 80 粒度氧化铝砂轮），先精磨前刀面，后精磨左侧后刀面，再磨右侧后刀面，刃磨方法与粗磨相同。

（7）检查刀尖角，因车刀有径向前角，所以螺纹样板应水平放置，做透光检查。如发现角度不正确，及时修复至符合样板角度要求。

（8）磨刀尖圆弧并磨出圆弧后角，使圆弧后角刚好和内孔孔壁不碰为宜。车刀刀尖对准砂轮外圆，后角保持不变，刀尖移向砂轮，当刀尖处碰到砂轮时，圆弧 R 应小于 $P/8$。如 R 太大使车削的三角形螺纹底径太宽，造成螺纹环规通端旋不进，而止规旋进，导致螺纹不合格。

（9）用油石研磨前、后刀面。

刃磨时应注意的问题。

① 刃磨时，人的站立姿势要正确。在刃磨内螺纹车刀内侧时，注意不要将刀尖磨歪斜。

② 磨削时，车刀与砂轮接触的径向压力不能太大。

③ 磨外螺纹车刀时，刀尖角平分线应平行刀体中线；磨内螺纹车刀时，刀尖角平分线应垂直于刀体中线。

④ 车削高阶台的螺纹车刀，靠近高阶台一侧的刀刃应短些，否则易擦伤轴肩。

⑤ 粗磨时也要用车刀样板检查。对径向前角大于 0° 的螺纹车刀，粗磨时两刃夹角应略大于牙型角。待磨好前角后，再修磨两刃夹角。

⑥ 刃磨刀刃时，要稍带做左右、上下的移动，这样容易使刀刃平直。

⑦ 刃磨车刀时，一定要注意安全。

（三）安装螺纹车刀

（1）螺纹车刀的伸出长度为刀具高度的 1～1.5 倍。

（2）一夹一顶或两顶尖车螺纹时要考虑到螺纹车刀安装好后小拖板会不会和尾座相碰。

（3）内螺纹车刀应尽量伸出短一些来增加螺纹车刀的刚性。

（4）为了保证螺纹牙型的正确，装刀时刀尖高度必须对准工件旋转中心。

（5）装刀时可用螺纹样板对刀，保证车刀刀尖角的中心线与工件轴线垂直，如图 5.23 所示。

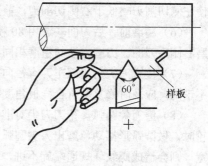

图 5.23　用螺纹样板对刀

（四）练习车螺纹时的动作

（1）选择主轴转速为 100～180r/min，开动车床，检查丝杠与开合螺母的工作情况是否正常，然后合上开合螺母。

（2）空刀练习车螺纹的动作，车螺纹有 2 种机床操作形式，一是利用开合螺母开螺纹，二是利用倒顺车车螺纹。选螺距 2mm，长度为 25mm，转速 180r/min。开车练习开合螺母的分合动作，先退刀、后提开合螺母，动作协调。练习利用操纵杆上下动作开螺纹。其他动作和利用开合螺纹车螺纹方法相同。

（3）试切螺纹，在外圆上根据螺纹长度，开车。用刀尖与工件轻微接触，并记住中滑板刻度盘读数，后退刀。根据长度再车一条刻线作为螺纹终止退刀标记，将床鞍摇至离端面 8～10 牙处，径向进给 0.05mm 左右，调整刻度盘"0"位（以便车螺纹时掌握背吃刀量），合下开合螺母，在工件上车一条有痕螺旋线，到螺纹终止线时迅速退刀，提起开合螺母，用钢直尺或螺距规检查螺距。

三、拓展训练

训练一 根据图 5.24 所示尺寸进行操作训练。

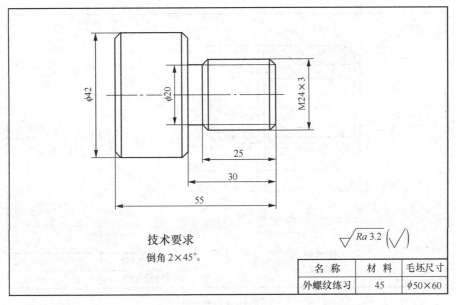

技术要求
倒角 2×45°。

$\sqrt{Ra\ 3.2}$ $\left(\sqrt{}\right)$

名　称	材　料	毛坯尺寸
外螺纹练习	45	$\phi50\times60$

图 5.24　外螺纹练习

【操作步骤】

（1）识读零件图，并进行工艺分析，确定操作步骤。

（2）根据操作要求合理选择刀具、量具、工具等。

（3）根据材料，用三爪自定心卡盘夹持毛坯外圆 $\phi50$，伸出长度 40mm 左右，找正夹紧。

（4）粗车右端面。

（5）粗车螺纹外圆至尺寸 $\phi25$。

（6）调头装夹螺纹外圆，找正夹紧。

（7）粗、精车左端面，控制总长 56mm。

（8）粗、精车外圆 $\phi42$ 至尺寸。

（9）倒角 2×45°。

（10）包铜皮夹持φ42外圆，找正。

（11）精车右端面，保证总长55mm。

（12）精车螺纹外圆至尺寸φ23.8。退刀槽φ20车至尺寸。

（13）安装螺纹车刀，并用螺纹样板按规定校正螺纹车刀的位置。

（14）对照车床明细表，按图纸螺距的要求正确设定各手柄位置。

（15）采用倒顺车法车削螺纹。

（16）车床正转，移动大、中拖板使螺纹车刀的刀尖轻轻接触外圆，退出车刀，将中拖板刻度盘设定为"0"。

（17）给定切削深度，啮合开合螺母，以正转方向启动。

（18）利用直进法和左右切削法粗、精车M24×3，达到图样要求。

（19）检查。

训练二　根据图5.25所示尺寸进行操作训练。

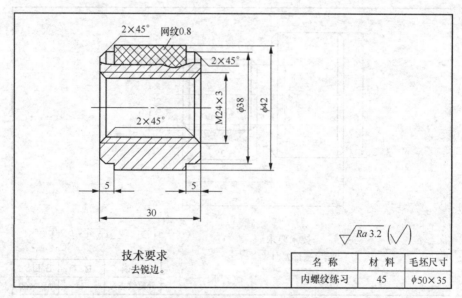

图5.25　内螺纹练习

【操作步骤】

（1）识读零件图，并进行工艺分析，确定操作步骤。

（2）根据操作要求合理选择刀具、量具、工具等。

（3）根据材料，用三爪自定心卡盘夹持毛坯外圆φ50，伸出长度40mm左右，找正夹紧。

（4）粗、精车右端面。

（5）粗车外圆φ42×35，车至φ43×35。

（6）打中心孔A3。

（7）用φ18的麻花钻钻孔，内孔长度35mm左右。

（8）精车外圆φ43×35，φ38×5至尺寸。

（9）滚花。

（10）倒角 2×45°。

（11）去锐边。

（12）用车断刀车断，保证总长 31mm。

（13）调头装夹，用铜皮包住滚花外圆，找正夹紧。

（14）粗、精车左端面。

（15）保证总长 30mm。精车外圆ϕ38×5 至尺寸，精车内孔至尺寸ϕ21。

（16）倒角 2×45°。

（17）去锐边。

（18）安装内螺纹车刀，并用螺纹样板按规定校正内螺纹车刀的位置。

（19）对照车床明细表，按图纸螺距的要求正确设定各手柄位置。

（20）采用倒顺车法车削螺纹。

（21）车床正转，移动大、中拖板使螺纹车刀的刀尖轻轻接触外圆，退出车刀，将中拖板刻度盘设定为"0"。

（22）给定切削深度，啮合开合螺母，以正转方向启动。

（23）利用直进法和左右切削法粗、精车 M24×3，达到图样要求。

（24）检查。

训练三 根据图 5.26 所示尺寸对三角形螺纹进行高速车削。

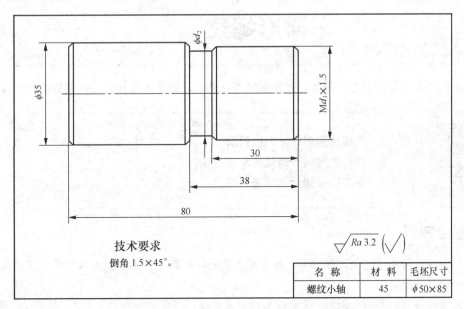

技术要求
倒角 1.5×45°。

$\sqrt{Ra\,3.2}$ $\sqrt{}$

名　称	材　料	毛坯尺寸
螺纹小轴	45	ϕ50×85

图 5.26　螺纹小轴

次　　数	练习规格 Md_1	退刀槽尺寸 d_2
1	M32×1.5	ϕ29
2	M28×1.5	ϕ25
3	M24×1.5	ϕ21

【操作步骤】

（1）识读零件图，并进行工艺分析，确定操作步骤。

（2）根据操作要求合理选择刀具、量具、工具等。

（3）根据材料，用三爪自定心卡盘夹持毛坯外圆$\phi50$，伸出长度 50mm 左右，找正夹紧。

（4）粗、精车右端面。

（5）粗、精车外圆，退刀槽达到图纸要求。

（6）用直进法车螺纹达到图纸要求。

（7）检查。

（8）第 2、3 次操作和以上相同。

（1）选用硬质合金螺纹刀。

（2）车削时只能用直进法进刀。

（3）切削用量的选择：切削速度一般取 50～100m / min，背吃刀量开始大些（大部分余量在第一刀、第二刀车去），以后逐步减少，但最后一刀应不少于 0.1mm。

四、课题小结

在本课题中，主要学习了三角形螺纹的种类和基本尺寸的计算，以及三角形螺纹车刀的几何形状及其装夹，详细介绍了三角形螺纹的车削方法，通过三角形螺纹的实际操作训练，为车削梯形螺纹的操作打下了基础。

车梯形螺纹

车削梯形螺纹是在学习了车削三角形螺纹的基础上，螺纹车削知识与技能训练的再提高。

1. 掌握梯形螺纹车刀的刃磨

2. 熟练掌握梯形螺纹的车削方法

3. 掌握梯形螺纹的测量方法

一、基础知识

梯形螺纹一般用于传动，精度高，如车床上的长丝杠和中、小滑板的丝杠等。其轴向剖面形状是一个等腰梯形。

梯形螺纹分米制和英制两种。国家标准规定米制梯形螺纹的牙型角为 30°，英制梯形螺纹（其牙型角为 29°）在我国较少采用。因此，下面只介绍 30° 牙型角的梯形螺纹，如图 5.27 所示。

1. 梯形螺纹的标记

梯形螺纹标记由螺纹代号、公差带代号及旋合长度代号组成，彼此用"—"分开。根据国标（GB 5796—2005）规定，梯形螺纹代号由螺纹种类代号 Tr 和螺纹"公称直径×导程"来表示。由于标准对内螺纹小径 D_1 和外螺纹大径 d 只规定了一种公差带（4H、4h），规定外螺纹小径 d_3 的公差位置永远为 h，其基本偏差为零，公差等级与中径公差等级数相同。而对内螺纹大径 D_4，标准只规定下偏差（即基本偏差）为零，而对上偏差不作规定。因此梯形螺纹仅标记中径公差带，并代表梯形螺纹公差带（由表示公差带等级的数字及表示公差带位置的字母组成）。

螺纹的旋合长度分为3组，分别称为短旋合长度（S）、中等旋合长度（N）和长旋合长度（L）。在一般情况下，中等旋合长度（N）用得较多，可以不标注。梯形螺纹副的公差带代号分别注出内、外螺纹的公差带代号，前面的是内螺纹公差带代号，后面是外螺纹公差带代号，中间用斜线分隔。

梯形螺纹标记示例如下。

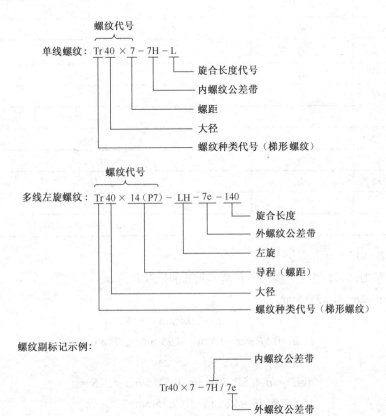

螺纹副标记示例：

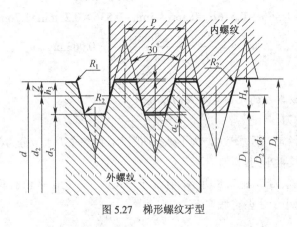

2. 梯形螺纹各部分尺寸计算

梯形螺纹各部分名称、代号及计算公式见表5.9。

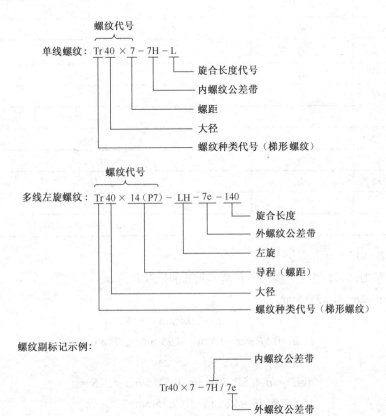

图 5.27　梯形螺纹牙型

表 5.9   梯形螺纹各部分名称、代号及计算公式

名 称		代 号	计 算 公 式			
牙型角		α	$\alpha=30°$			
螺距		P	由螺纹标准确定			
牙顶间隙		α_c	P	1.5~5	6~12	14~44
			α_c	0.25	0.5	1
外螺纹	大径	d	公称直径			
	中径	d_2	$d_2=d-0.5P$			
	小径	d_3	$d_3=d-2h_3$			
	牙高	h_3	$h_3=0.5P+\alpha_c$			
内螺纹	大径	D_4	$D_4=d+2\alpha_c$			
	中径	D_2	$D_2=d_2$			
	小径	D_1	$D_1=d-P$			
	牙高	H_4	$H_4=h_3$			
牙顶宽		f、f'	$f=f'=0.366P$			
牙槽底宽		W、W'	$W=W'=0.366P-0.536\alpha_c$			

梯形螺纹基本尺寸计算实例。

例： 试计算 Tr28×5 内、外螺纹的各基本尺寸和螺纹升角 ψ。

解： 已知 $d=28$mm，$P=5$mm。

$$\alpha_c=0.25\text{mm}$$

$$h_3=0.5P+\alpha_c=2.5\text{mm}+0.25\text{mm}=2.75\text{mm}$$

$$H_4=h_3=2.75\text{mm}$$

$$d_2=D_2=d-0.5P=28\text{mm}-0.5\times5\text{mm}=25.5\text{mm}$$

$$d_3=d-2h_3=28\text{mm}-2\times2.75\text{mm}=22.5\text{mm}$$

$$D_1=d-P=28\text{mm}-5\text{mm}=23\text{mm}$$

$$D_4=d+2\alpha_c=28\text{mm}+2\times0.25\text{mm}=28.5\text{mm}$$

$$f=0.366P=0.366\times5\text{mm}=1.83\text{mm}$$

$$W=0.366P-0.536\alpha_c=0.366\times5\text{mm}-0.536\times0.25\text{mm}=1.7\text{mm}$$

$$\tan\psi=\frac{P}{\pi l_2}=\frac{5\text{mm}}{3.14\times25.5\text{mm}}=0.063\text{mm}$$

$$\psi=3°33'$$

3. 高速钢梯形螺纹车刀的几何角度及刃磨要求

（1）梯形外螺纹车刀。

车梯形外螺纹时，径向切削力较大，为了减小切削力，螺纹车刀也应分为粗车刀和精车刀两种。

① 高速钢梯形螺纹粗车刀。

高速钢梯形螺纹粗车刀如图 5.28 所示。在加工中采用左右切削并留有精车余量，刀尖角应小于牙型角，刀尖宽度应小于牙型槽底宽 W。

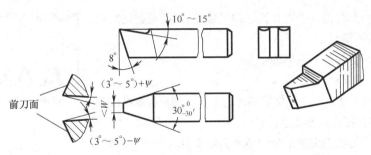

图 5.28 高速钢梯形螺纹粗车刀

② 高速钢梯形螺纹精车刀。

高速钢梯形螺纹精车刀如图 5.29 所示。车刀的径向前角为 0°，两侧切削刃之间的夹角等于牙型角。为了保证两侧切削刃切削顺利，在两侧都磨有较大前角（$\gamma_o=10°\sim16°$）的卷屑槽，但车削时，车刀的前端不能参加切削，只能精车牙侧。

高速钢梯形螺纹粗车刀

高速钢梯形螺纹精车刀

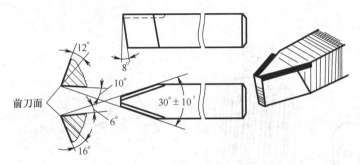

图 5.29 高速钢梯形螺纹精车刀

（2）梯形内螺纹车刀。

梯形内螺纹车刀如图 5.30 所示。它和三角形内螺纹车刀基本相同，只是刀尖角为 30°。

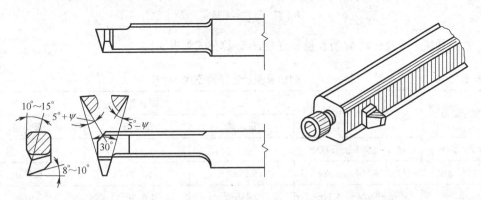

图 5.30 梯形内螺纹车刀

（3）刃磨要求。

① 用样板（见图 5.31）校对，刃磨两切削刃夹角。

② 由纵向前角的两刃夹角进行修正。

③ 车刀刃口要光滑、平直、无爆口（虚刀），两侧副切削刃必须对称，刃头不歪斜。

④ 用油石研磨掉各切削刃的毛刺。

（4）刃磨注意事项。

① 刃磨两侧后角时要注意螺纹的左右旋向，然后根据螺纹升角的大小来决定两侧后角的数值。

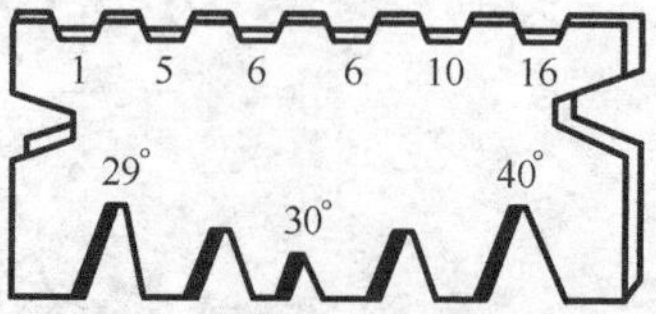

② 内螺纹车刀的刀尖角平分线应和刀柄垂直。

③ 刃磨高速钢车刀时，应随时放入水中冷却，以防退火。

图 5.31　梯形螺纹车刀样板

4. 梯形螺纹的测量

（1）综合测量法。用标准梯形螺纹环规、塞规综合测量。

（2）三针测量法。这种方法是测量外螺纹中径的一种比较精密的方法。适用于测量一些精度要求较高、螺纹升角小于 4°的螺纹工件。测量时把三根直径相等的量针放置在螺纹相对应的螺旋槽中，用千分尺量出两边量针顶点之间的距离 M，如图 5.32 所示。

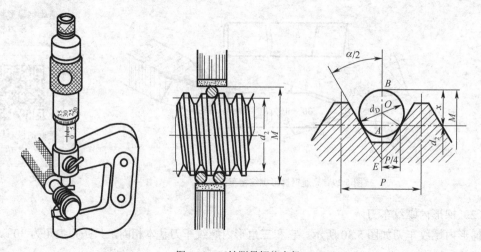

图 5.32　三针测量螺纹中径

三针测量法千分尺读数 M 值及量针直径 d_D 计算公式见表 5.10。

表 5.10　　　　　　　　　　　　　M 值及量针直径的公式

螺纹牙型角	M 计算公式	钢针直径 d_D		
		最大值	最佳值	最小值
29°（英制蜗杆）	$M=d_2+4.994d_D-1.933P$	—	0.516P	—
30°（梯形螺纹）	$M=d_2+4.864d_D-1.866P$	0.656P	0.518P	0.486P
40°（蜗杆）	$M=d_1+3.924d_D-4.316m_x$	2.446m_x	1.675m_x	1.61m_x
55°（英制螺纹）	$M=d_2+3.166d_D-0.961P$	0.894P−0.029	0.564P	0.481P−0.016
60°（普通螺纹）	$M=d_2+3d_D-0.866P$	1.01P	0.577P	0.505P

（3）单针测量法。这种方法的特点是只需使用一根测量针放置在螺旋槽中，用千分尺量出螺

纹大径与量针顶点之间的距离 A，如图 5.33 所示。

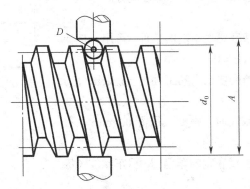

图 5.33　单针测量法

其计算公式如下：

$$A = \frac{M + d_0}{2}(\text{mm})$$

式中：A——千分尺测得尺寸值，mm；

　　　　d_0——螺纹大径实际尺寸，mm。

 单针测量时需考虑公差，A 值的实际公差为给定公差值的一半。

二、课题实施

（一）梯形外螺纹的车削

1. 车削准备

（1）车刀主切削刃必须与工件轴线等高（如用弹性刀杆，如图 5.34 所示，应高于轴线约 0.2mm），同时应和工件轴线平行。

（2）刀头的角平分线要垂直于工件轴线。用样板找正装夹，以免产生螺纹半角误差（见图 5.35）。

（3）工件的装夹一般采用两顶尖或一夹一顶装夹。

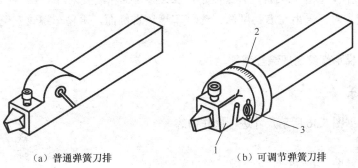

（a）普通弹簧刀排　　　　　　（b）可调节弹簧刀排

图 5.34　弹性刀杆

1—刀体　2—刀柄　3—螺钉

（4）正确调整机床各处间隙，对床鞍，中、小滑板的配合部分进行检查和调整，注意控制机床主轴的轴向窜动、径向圆跳动以及丝杠轴向窜动。

2. 车削方法

（1）螺距小于 4mm 和精度要求不高的工件，可用一把梯形螺纹车刀，并用左右进给法车削。

（2）螺距大于 4mm 和精度要求高的工件，一般采用分刀车削，方法如下。

① 粗车、半精车梯形螺纹时，螺纹大径留 0.3mm 左右余量，且倒角与端面成 15°。

② 选用刀头宽度稍小于槽底宽的车槽刀，粗车螺纹（每边留 0.25～0.35mm 的余量）。

③ 用梯形螺纹车刀采用左右切削法车削梯形螺纹两侧面，每边留 0.1～0.2mm 的精车余量，并车准螺纹小径尺寸。

④ 精车大径至图样要求（一般小于螺纹基本尺寸）。

⑤ 选用精车梯形螺纹车刀，采用左右切削法完成螺纹加工。

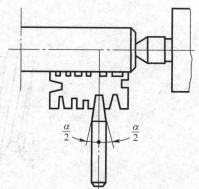

图 5.35　梯形螺纹车刀的安装

（二）梯形内螺纹的车削

1. 车削准备

（1）梯形螺纹孔径的计算。一般采用公式进行计算，其孔径公差可查梯形螺纹有关公差表。

（2）梯形内螺纹车刀刀头宽度的计算。刀头宽度比外梯形螺纹牙顶宽 f 稍大一些。

（3）刀杆尺寸根据工件内孔尺寸选择，孔径较小采用整体式内螺纹车刀。

（4）梯形内螺纹车刀的装夹基本上与车三角形内螺纹时相同。

2. 车削方法

（1）梯形内螺纹的车削方法基本与车三角形内螺纹相同。车梯形内螺纹时，进刀深度不易掌握，可先车准螺纹孔径尺寸，然后在平面上车出一个轴深 1～2mm，孔径等于螺纹基本尺寸（大径）的内阶台作为对刀基准。

（2）粗车时，保证车刀刀尖和对刀基准有 0.10～0.15mm 的间隙。

（3）精车时使刀尖逐渐与对刀基准接触。调整中滑板刻度值至零位，再以刻度值零位为基准，不进刀车削 2～3 次，以消除刀杆的弹性变形，保证螺母的精度要求。

（4）螺距较大时，采用左右切削法，先精车螺纹右侧面，再精车螺纹左侧面，以便于观察和控制。

（5）用标准梯形螺纹塞规综合测量。

三、拓展训练

训练一　根据图 5.36 所示尺寸进行操作训练。

【操作步骤】

（1）识读零件图，并进行工艺分析，确定操作步骤。

（2）根据操作要求合理选择刀具、量具、工具等。

（3）根据材料，用三爪自定心卡盘夹持毛坯外圆ϕ45，伸出长度105mm左右，找正夹紧。

（4）粗、精车右端面。

（5）粗车ϕ42外圆，车至ϕ43×103。粗车外圆ϕ34$_{-0.1}^{0}$，车至ϕ36×49。粗车外圆ϕ25$_{-0.1}^{0}$，车至ϕ27×24。

（6）打中心孔A2.5。

（7）调头装夹ϕ45外圆，伸出长度60mm左右，找正夹紧。

（8）粗、精车左端面，保证总长150mm。

（9）粗车外圆ϕ34$_{-0.1}^{0}$，车至ϕ36×49。粗车外圆ϕ25$_{-0.1}^{0}$，车至ϕ27×24。

（10）精车外圆ϕ34$_{-0.1}^{0}$、外圆ϕ25$_{-0.1}^{0}$，车至尺寸要求。

（11）打中心孔A2.5。

（12）倒角1×45°，螺纹倒角。

（13）包铜皮夹持左端ϕ25$_{-0.1}^{0}$外圆，卡爪紧贴端面。顶尖顶右端中心孔，一夹一顶。

（14）精车外圆ϕ42、外圆ϕ34$_{-0.1}^{0}$、外圆ϕ25$_{-0.1}^{0}$，车至尺寸。

（15）螺纹倒角。

（16）粗车Tr42×6梯形螺纹。

（17）精车梯形螺纹至尺寸要求。

（18）倒角。

（19）检查。

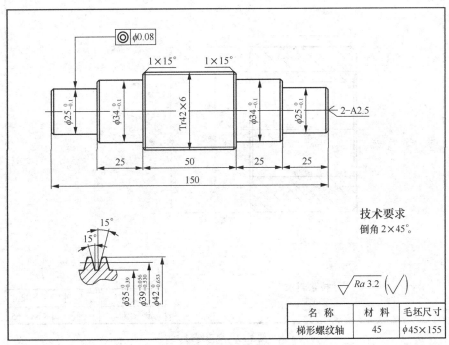

图5.36 梯形螺纹轴

训练二 根据图5.37所示尺寸进行操作训练。

【**操作步骤**】

（1）识读零件图，并进行工艺分析，确定操作步骤。

（2）根据操作要求合理选择刀具、量具、工具等。

（3）根据材料，用三爪自定心卡盘夹持毛坯外圆ϕ65，伸出长度 50mm 左右，找正夹紧。

（4）粗、精车左端面。

（5）粗车外圆ϕ60×40，车至ϕ62×42。

（6）打中心孔。

（7）用直径ϕ33 麻花钻钻孔，钻深大于 42mm。

（8）精车ϕ60 外圆。

（9）倒角。

（10）切断，保证总长 41mm。

（11）调头装夹外圆ϕ60，保证总长 40mm。

（12）粗、精车内孔至ϕ35。

（13）螺纹倒角。

（14）粗车内梯形螺纹 Tr42×6 梯形螺纹。

（15）精车内梯形螺纹至尺寸要求。

（16）倒角。

（17）检查。

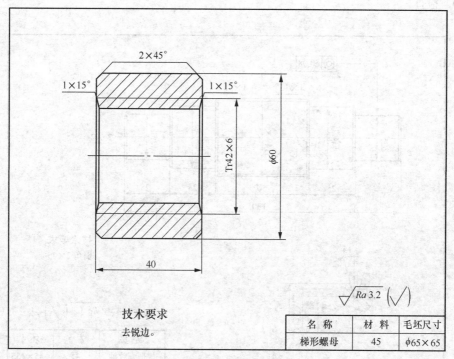

图 5.37　梯形螺母

四、课题小结

在本课题中，主要学习了梯形螺纹尺寸的计算，以及梯形螺纹车刀的几何形状及其装夹，详细介绍了梯形螺纹的车削方法，通过车削梯形螺纹的操作训练，加深对螺纹车削的认知。

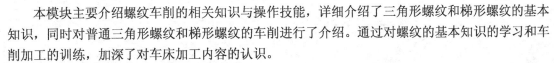

模块总结

　　本模块主要介绍螺纹车削的相关知识与操作技能，详细介绍了三角形螺纹和梯形螺纹的基本知识，同时对普通三角形螺纹和梯形螺纹的车削进行了介绍。通过对螺纹的基本知识的学习和车削加工的训练，加深了对车床加工内容的认识。

车削加工中，有时会遇到一些外形复杂和不规则的工件，如图 6.1 的对开轴承座、十字孔工件、双孔连杆、偏心工件、曲轴等。这些工件不能用三爪自定心卡盘直接装夹，应该用四爪单动卡盘装夹，而且还需使用一些附件或安装在专用夹具上加工。细长轴、薄壁工件、深孔工件等，虽然形状并不复杂，但加工很困难，往往需要配备一些专用工艺装备。本模块把这些工件作为复杂工件的装夹和加工来介绍。

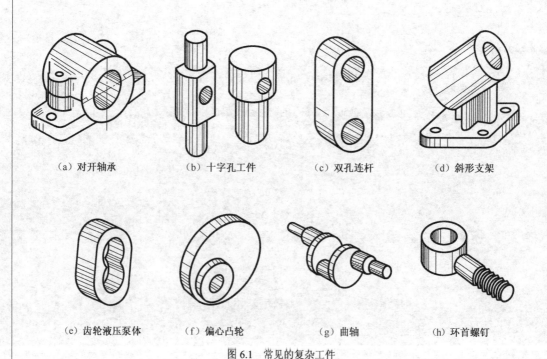

（a）对开轴承　　　（b）十字孔工件　　　（c）双孔连杆　　　（d）斜形支架

（e）齿轮液压泵体　　　（f）偏心凸轮　　　（g）曲轴　　　（h）环首螺钉

图 6.1　常见的复杂工件

课题一 在四爪单动卡盘上装夹较复杂的工件

利用四爪单动卡盘车削复杂零件，主要是车削外形比较复杂，三爪卡盘难以装夹，比较笨重的工件。因此在使用四爪单动卡盘时，工件的装夹和调整是学习的重点。

技能目标

1. 熟练掌握在四爪单动卡盘上安装、找正工件的技能和技巧
2. 理解在四爪单动卡盘上车削工件时的注意事项

一、基础知识

四爪单动卡盘如图 6.2 所示，是车床上最常见的夹具之一，它适用于装夹形状不规则或大型的工件，夹紧力较大，装夹精度较高，不受卡爪磨损的影响，但装夹不如三爪自定心卡盘方便。装夹圆棒料时，如在四爪单动卡盘内放上一块 V 形架（见图 6.3），装夹就快捷多了。

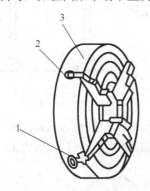

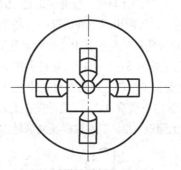

图 6.2　四爪单动卡盘

1—卡爪　2—螺杆　3—卡盘体

图 6.3　用 V 形架装夹圆棒料

四爪单动卡盘装夹时有以下注意事项。

（1）应根据工件被装夹处的尺寸调整卡爪，使其相对于两爪的距离略大于工件直径即可。

（2）工件被夹持部分不宜太长，一般以 10～15mm 为宜。

（3）为了防止工件表面被夹伤和找正工件时方便，装夹位置应垫 0.5mm 以上的铜皮。

（4）在装夹大型、不规则工件时，应在工件和导轨面之间垫放防护木板，以防工件掉下，损坏机床表面。

二、课题实施

（一）找正盘类工件

如图 6.4 所示，对于盘类工件，既要找正外圆，又要找正平面（即图 6.4（a）中所示的 A 点、B 点）。找正 A 点外圆时，用移动卡爪来调整，其调整量为间隙差值的一半［见图 6.4（b）］；找正

B 点平面时，用铜锤或铜棒敲击，其调整量等于间隙差值［见图 6.4（c）］。

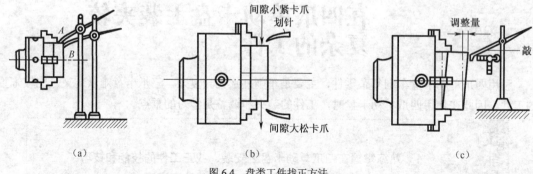

图 6.4　盘类工件找正方法

（二）找正轴类工件

如图 6.5 所示，对于轴类工件通常是找正外圆 A、B 两点。其方法是先找正 A 点外圆，再找正 B 点外圆。找正 A 点外圆时，应调整相应的卡爪，调整方法与盘类工件找正方法一样；而找正 B 点外圆时，采用铜锤或铜棒敲击。

（三）找十字线

如图 6.6 所示，先用手转动工件，找正 A（A_1）B（B_1）线；调整划针高度，使针尖通过 AB，然后工件转过 180°。可能出现下列情况：一是针尖仍然通过 AB 线，这表明针尖与主轴中心一致，且工件 AB 线也已经找正［见图 6.6（a）］；二是针尖在下方与 AB 线相距 Δ［见图 6.6（b）］，这表明划针应向上调整 $\Delta/2$，

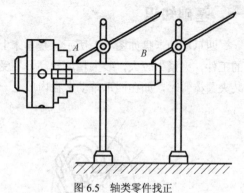

图 6.5　轴类零件找正

工件 AB 线向下调整 $\Delta/2$；三是针尖在上方与 AB 线相距 Δ［见图 6.6（c）］，这表明划针应下调整 $\Delta/2$，AB 线向上调整 $\Delta/2$。工件这样反复调转 180° 进行找正，直至划针盘针尖通过 AB 线为止。

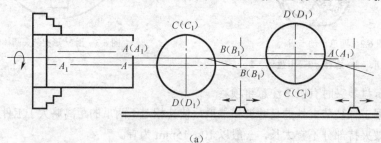

（a）

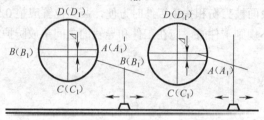

（b）　　　　　　　　　　（c）

图 6.6　找十字线的方法

划线盘高度调整好后，再找十字线时，就容易多了。工件上 A（A_1）和 B（B_1）线找平后，如在划针针尖上方，工件就往下调；反之，工件就往上调。找正十字线时，要十分注意综合考虑，一般应该是先找内端线，后找外端线；两条十字线，如图 6.6 中所示的 A（A_1）B（B_1）、C（C_1）D（D_1）线，要同时找调，反复进行，全面检查，直至找正为止。

（四）两点目测找正

选择四爪单动卡盘正面的标准圆环作为找正的参考基准（见图 6.7）；再把对称卡爪上第一个阶台的端点作为目测找正的辅助点，按照"两点成一线"的原理，利用枪支射击时瞄准"准星"的方法，去目测辅助点 A 与参考基准上的点。将机床挂空挡，把卡盘转过 180°，再与对应辅助点 B 与同一参照基准上的点进行比较，并按它们与同一参照基准两者距离之差的一半作为调整距离，进行调整，反复几次就能把第一对对称卡爪校好；同理，可找正另一对应卡爪。此法经过一段时间的练习，即可在 2～3min 的时间内，使找正精度达到 0.15～0.20mm 的水平。不过这种方法还只适用于精度不高的工件或粗加工工序；而对于高精度的工件，这种方法只能作为粗找正。

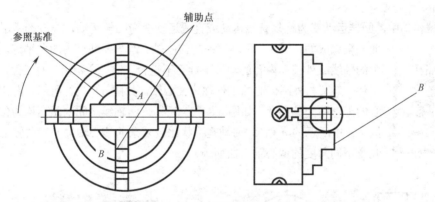

图 6.7　目测找正法

（五）用百分表、量块找正

为保证高精度的工件达到要求，采用百分表、量块找正法是较佳的方法（详见偏心工件的车削）。

（1）找正时把主轴放在空挡位置，便于卡盘转动。
（2）不能同时松开两只卡爪，以防工件掉下。
（3）灯光视线角度与针尖要配合好，以减小目测误差。
（4）工件找正后，四爪的夹紧力要基本相同，否则车削时工件容易发生位移。
（5）找正近卡爪处的外圆，发现有极小的误差时，不要盲目地松开卡爪，可把相对应的卡爪再夹紧一点来作微量调整。

三、课题小结

在本课题中，主要介绍了根据四爪单动卡盘自身的特点，对工件进行位置的找正及操作的方法，为以后对不同的复杂零件的加工提供了装夹的方法。

课题二 车削偏心工件

偏心结构是机械机构中常见的形式，偏心机构的主要组成部分是偏心零件，通常由车床来加工完成，这在工艺过程和加工方法上都具有较高的难度。

技能目标

1. 熟练掌握在三爪、四爪卡盘上找正偏心距的技能和技巧
2. 掌握偏心工件车削的操作技能
3. 理解车削偏心工件时的注意事项

一、基础知识

1. 偏心的定义

在机械传动中，回转运动变为往复直线运动或直线运动变为回转运动，一般都是用偏心轴或曲轴来完成的，例如，主轴箱中的偏心轴、汽车发动机中的曲轴等。外圆和外圆的轴线或外圆和内孔的轴线平行而不重合（偏一个距离）的工件，称为偏心工件。外圆与外圆偏心的工件称为偏心轴，如图6.8（a）所示。内孔与外圆偏心的工件称为偏心套，如图6.8（b）所示。两轴线之间的距离称为偏心距（见图6.8中所示的 *e* 值）。曲轴是形状比较复杂的偏心轴，一根曲轴上，往往有几个不同角度的偏心轴（曲柄颈）。

认识偏心工件

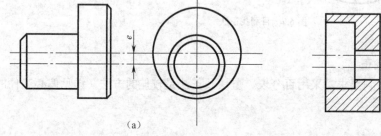

（a） （b）

图6.8 偏心工件

偏心轴、偏心套、曲轴一般都在车床上加工，它们的加工原理基本相同，主要是在装夹方面采取措施，即把需要加工偏心的部分的轴线找正到和车床主轴旋转中心重合。为了保证偏心零件的工作精度，在车削偏心工件时，要特别注意控制轴线间的平行度和偏心距的精度。

2. 偏心工件的划线方法

安装、车削偏心工件时，应先用划线的方法确定偏心轴（套）轴线，随后在两顶尖或四爪单动卡盘上安装。现以偏心轴为例来说明偏心工件的划线方法。其步骤如下。

（1）先将工件毛坯车成一根光轴，直径为 *D*，长为 *L*，如图6.9所示。使两端面与轴线垂直（其误差将直接影响找正精度），表面粗糙度值为 *Ra*1.6μm，然后在轴的两端面和四周外圆上涂一

层蓝色显示剂，待干后将其放在平板上的 V 形架中。

（2）用游标高度尺划针尖端测量光轴的最高点，如图 6.10 所示，并记下其数，再把游标高度尺的游标下移至工件实际测量直径尺寸的一半处，并在工件的 A 端面轻轻地画出一条水平线，然后将工件转过 180°，仍用刚才调整的高度，再在 A 端面轻划另一条水平线。检查前、后两条线是否重合，若重合，即为此工件的水平轴线；若不重合，则须将游标高度尺进行调整，游标下移量为两平行线间距离的一半。如此反复，直至使二线重合为止。

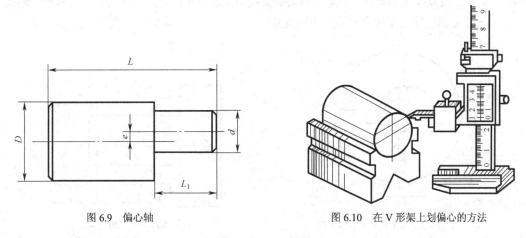

图 6.9　偏心轴　　　　　　　　　　图 6.10　在 V 形架上划偏心的方法

（3）找出工件的轴线后，即可在工件的端面和四周划出图 6.10 所示的圈线（即过轴线的水平剖面与工件的截交线）。

（4）将工件转过 90°，用平型直角尺对齐已划好的端面线，然后用刚才调整好的游标高度尺在轴端面和四周划一道圈线，这样在工件上就得到两道互相垂直的圈线了。

（5）将游标高度尺的游标上移一个偏心距尺寸，也在轴端面和四周划上一道圈线。

（6）偏心距中心线划出后，在偏心距中心处两端分别打样冲眼，要求敲打样冲眼的中心位置准确无误，眼坑宜浅且小而圆。

若采用两顶尖车削偏心轴，则要依样冲眼先钻出中心孔；若采用四爪单动卡盘装夹车削时，则要依样冲眼先划出一个偏心圆，同时还须在偏心圆上均匀地、准确无误地打上几个样冲眼，以便找正。

二、课题实施

（一）用四爪单动卡盘安装车削偏心工件

数量少、偏心距小、长度较短、不便于两顶尖装夹或形状比较复杂的偏心工件，可安装在四爪单动卡盘上车削。在四爪单动卡盘上车削偏心工件的方法有两种，即按划线找正车削偏心工件和用百分表找正车削偏心工件。

1．按划线找正车削偏心工件

根据已划好的偏心圆来找正，由于存在划线误差和找正误差，故此法仅适用于加工精度要求不高的偏心工件。现以图 6.8 所示工件为例来介绍其操作步骤。

（1）装夹工件前，应先调整好卡盘爪，使其中两爪呈对称位置，另外两爪呈不对称位置，其偏离主轴中心的距离大致等于工件的偏心距。各对卡爪之间张开的距离稍大于工件装夹处的直径，使工件偏心圆线处于卡盘中央,然后装夹上工件(见图6.11)。

(2)夹持工件长15~20mm,夹紧工件后,要使尾座顶尖接近工件,调整卡爪位置,使顶尖对准偏心圆中心(即图6.11中所示的 A 点),然后移去尾座。

(3)将划线盘置于床鞍上适当位置,使划针尖对准工件外圆上的侧素线(见图6.12),移动床鞍,检查侧素线是否水平,若不呈水平,可用橡胶锤(或铜棒)轻轻敲击进行调整。再将工件转过 90°,检查并校正另一条侧素线,然后将划针尖对准工件端面的偏心圆线,并校正偏心圆(见图6.13)。如此反复校正和调整,直至使两条侧素线均呈水平(此时偏心圆的轴线与基准圆轴线平行),又使偏心圆轴线与车床主轴轴线重合为止。

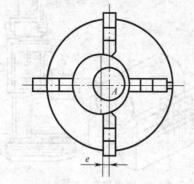

图6.11 四爪单动卡盘装夹偏心工件

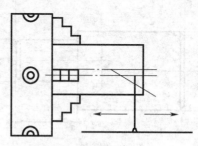

图6.12 找正侧素线

(4)将四个卡爪均匀地紧一遍,经检查确认侧素线和偏心圆线在紧固卡爪时没有位移,即可开始车削。

(5)粗车偏心圆直径。由于粗车偏心圆是在光轴的基础上进行切削的,切削余量很不均匀且又是断续切削,会产生一定的冲击和震动,所以外圆车刀取负刃倾角。刚开始车削时,进给量和切削深度要小,待工件车圆后,再适当增加,否则容易损坏车刀或使工件发生位移。车削时的起刀点应选在车刀远离工件的位置,车刀刀尖必须从偏心的最远点开始切入工件进行车削,以免打坏刀具或损坏机床。

(6)检查偏心距。当还有0.5mm左右的精车余量时,可采用图6.14所示的方法检查偏心距。测量时,用分度值为 0.02mm 的游标卡尺测量两外圆间的最大距离和最小距离。偏心距就等于最大距离与最小距离差值的一半,即 $e=(b-a)/2$。

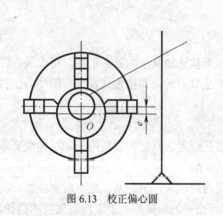

图6.13 校正偏心圆

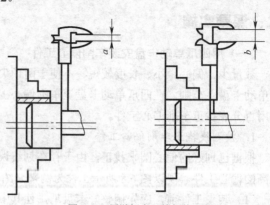

图6.14 用游标卡尺检侧偏心距

若实测偏心距误差较大时，可少量调节不对称的两个卡爪；若偏心距误差不大时，则只需继续夹紧某一只卡爪（当 e 偏大时，夹紧离偏心轴线近的那只卡爪；当 e 偏小时，夹紧离偏心轴线远的那只卡爪）。

（7）精车偏心外圆。当用游标卡尺检查并调整卡爪，使其偏心距在图样允许的误差范围内之后，复检侧素线，以保证偏心圆、基准两轴线平行，便可精车偏心外圆。

2. 用百分表找正

对于偏心距较小、加工精度要求较高的偏心工件，按划线找正加工，显然是达不到精度要求的，此时须用百分表来找正，一般可使偏心距误差控制在 0.02mm 以内。由于受百分表测量范围的限制，所以它只能适用于偏心距为 5mm 以下的工件的找正。仍以图 6.8 所示工件为例来说明其操作步骤。

（1）先用划线初步找正工件。

（2）再用百分表进一步找正，使偏心圆轴线与车床主轴轴线重合，如图 6.15 所示，找正 M 点用卡爪调整，找正 N 点用橡胶锤或铜棒轻敲。

（3）找正工件侧素线，使偏心轴两轴线平行。为此，移动床鞍，用百分表在 M、N 两点处交替进行测量、校正，并使工件两端百分表读数误差值在 0.02mm 以内。

（4）校正偏心距。将百分表测杆触头垂直接触偏心工件的基准轴（即光轴）外圆上，并使百分表压缩量为 0.5～1mm，用手缓慢转动卡盘，使工件转过一周，百分表指示处的最大值和最小值之差的一半即为偏心距。按此方法校正 M、N 两点处的偏心距，使 M、N 两点偏心距基本一致，并且均在图样允许误差范围内。如此综合考虑，反复调整，直至校正完成。

（5）粗车偏心轴。其操作要求、注意事项与用划针找正车削偏心工件时相同。

（6）检查偏心距。当还剩 0.5mm 左右精车余量时，可按图 6.16 所示方法复检偏心距，将百分表测量杆触头与工件基准外圆接触，使卡盘缓慢转过一周，检查百分表指示的最大值和最小值之差的一半，是否在图样所标示的偏心距允差范围内。通常复检时，偏心距误差应该是很小的，若偏心距超差，则略夹紧相应卡爪即可。

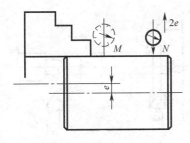

图 6.15　用百分表校正偏心工件

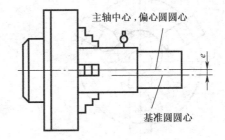

图 6.16　用百分表复检偏心距

（7）精车偏心圆外径，保证各项加工精度要求。

（二）用三爪自定心卡盘安装、车削偏心工件

在四爪单动卡盘上安装、车削偏心工件时，装夹、找正相当麻烦。对于长度较短、形状比较简单且加工数量较多的偏心工件，可以在三爪自定心卡盘上进行车削，其方法是在三爪中的任意一个卡爪与工件接触面之间，垫上一块预先选好的垫片，使工件轴线相对车床主轴轴线产生位移，并使位移距离等于工件的偏心距（见图 6.17），把工件夹紧后，即可车削。垫片厚度 x 的计算公式

如下

$$x=1.5e\pm K \qquad K\approx1.5\Delta e$$

式中：x——垫片厚度，mm；

e——偏心距，mm；

K——偏心距修正值，正负值可按实测结果确定，mm；

Δe——试切后，实测偏心距误差，mm。

例： 如用三爪自定心卡盘加垫片的方法车削偏心距 e=4mm 的偏心工件，试计算垫片厚度。

解： 先暂不考虑修正值，初步计算垫片厚度：$x=1.5e=1.5\times4=6$ mm

垫入 6mm 厚的垫片进行试切削，如果检查其实际偏心距为 4.05mm，则其偏心距误差为：

$\Delta e = 4.05 - 4 = 0.05$mm

$$K = 1.5\Delta e = 1.5\times0.05 = 0.075\text{mm}$$

由于实测偏心距比工件要求的大，则垫片厚度的正确值应减去修正值，即

$$x=1.5e-K = 1.5\times4-0.075 = 5.925\text{mm}$$

 注意

（1）应选用硬度较高的材料做垫块，以防止在装夹时发生挤压变形。垫块与卡爪接触的一面应做成与卡爪圆弧相同的圆弧面。否则，接触面将会产生间隙，造成偏心距误差。

（2）装夹时，工件轴线不能歪斜，否则会影响加工质量。

（3）对精度要求较高的偏心工件，必须按上述计算方法，在首件加工时进行试车检验，再按实测偏心距误差求得修正值 K，从而调整垫片厚度，然后才可正式车削。

（三）用两顶尖安装、车削偏心工件

较长的偏心轴，只要轴的两端面能钻中心孔，有装夹鸡心夹头的位置，都可以安装在两顶尖间进行车削（见图 6.18）。用两顶尖装夹，在偏心中心孔中车削偏心圆，这与在两顶尖间车削一般外圆相类似，不同的是车偏心圆时，在一转内工件加工余量变化很大，且是断续切削，因而会产生较大的冲击和震动。其优点是不需要用很多时间去找正偏心。

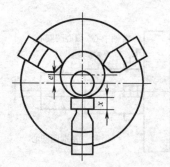

图 6.17 在三爪自定心卡盘上车偏心工件

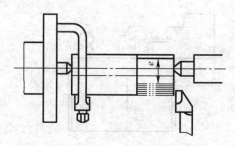

图 6.18 在两顶尖装夹车偏心工件

用两顶尖安装、车削偏心工件时，应先在工件的两个端面上根据偏心距的要求，共钻出 $2n+2$ 个中心孔（其中只有 2 个不是偏心中心孔，n 为工件上偏心轴线的个数）。然后先顶住工件基准圆中心孔车削基准外圈，再顶住偏心圆中心孔车削偏心外圆。

单件、小批量、生产精度要求不高的偏心轴，其偏心中心孔可经划线后在钻床上钻出；偏心距精度要求较高时，偏心中心孔可在坐标镗床上钻出；成批生产时，可在专门中心孔钻床或偏心夹具上钻出。

（1）用两顶尖安装、车削偏心工件时，关键是要保证基准圆中心孔和偏心圆中心孔的钻孔位置精度，否则偏心距精度无法保证，因此钻中心孔时应特别注意。

（2）顶尖与中心孔的接触松紧程度要适当，且应在其间经常加注润滑油，以减少彼此磨损。

（3）断续车削偏心圆时，应选用较小的切削用量，初次进刀时一定要从离偏心最远处切入。

（四）在两顶尖间检测偏心距

对于两端有中心孔、偏心距较小、不易放在 V 形架上测量的轴类零件，可放在两顶尖间测量偏心距，如图 6.19 所示。检测时，使百分表的测量头接触在偏心部位，用手均匀地、缓慢地转动偏心轴，百分表上指示出的最大值与最小值之差的一半就等于偏心距。

偏心套的偏心距也可以用类似上述方法来测量，但必须将偏心套套在心轴上，再在两顶尖间检测。

（五）在 V 形架上检测偏心距

（1）偏心距 $e < 5mm$ 的偏心工件。将工件外圆放置在 V 形架上，转动偏心工件，通过百分表读数最大值与最小值之间差值的一半确定偏心距，如图 6.20 所示。

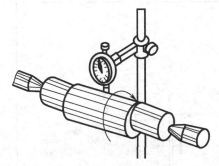

图 6.19　在两顶尖间测量偏心

图 6.20　在 V 形架上间接测量偏心距

采用以上方法测量偏心距时，由于受百分表测量范围的限制，故只能测量无中心孔或工件较短、偏心距 $e < 5mm$ 的偏心工件。

（2）偏心距较大的工件（$e>5mm$）。偏心距较大的工件，因为受到百分表测量范围的限制，所以不能用上述在两顶尖间测量的方法来测量。这时可用图 6.21 所示的间接测量偏心距的方法。测量时，把 V 形架放在平板上，并把工件放在 V 形架中，转动偏心轴，用百分表测得偏心轴的最高点。找出最高点后，工件固定不动，将百分表水平移动，测量出偏心轴外圆到基准轴外圆之间的距离 a，然后用下式计算出偏心距 e。

$$e = \frac{D}{2} - \frac{d}{2} - a$$

式中：D——基准轴直径，mm；

d——偏心轴直径，mm；

a——基准外圆到偏心外圆之间的最小距离，mm。

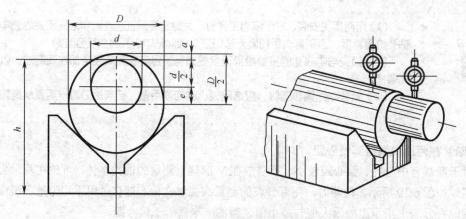

图 6.21　偏心距的间接测量方法

使用上述方法时，必须用千分尺准确测量出基准轴直径和偏心轴直径的实际值，否则计算时会产生误差。

三、拓展训练

根据图 6.22 所示尺寸进行操作训练。

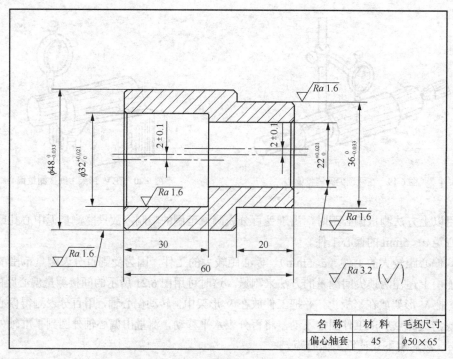

名　称	材　料	毛坯尺寸
偏心轴套	45	$\phi50\times65$

图 6.22　偏心轴套

【操作步骤】（采用四爪单动卡盘装夹车削）

（1）备料，毛坯尺寸为 $\phi50\times65$。

（2）识读零件图，并进行工艺分析，确定操作步骤。

（3）根据操作要求合理选择刀具、量具、工具等。

（4）粗、精车外圆，保证外圆$\phi 48^{\ 0}_{-0.033}$；粗、精车内孔，保证内孔$\phi 22^{+0.021}_{\ 0}$，且保证内孔轴线与外圆轴线的同轴度要求。

（5）在V形架上划线（见图6.10）并划出偏心圆，打样冲眼。

（6）在四爪卡盘上装夹后，先用划线初步找正工件，再进一步用百分表找正，找正工件侧素线并校正偏心距，使偏心圆轴线与车床主轴轴线重合。

（7）粗车偏心轴，然后检查偏心距并进行调整；精车偏心圆外径，保证外圆尺寸$\phi 36^{\ 0}_{-0.033}$、偏心距（2±0.1）mm和平行度要求。

（8）掉头装夹，重复步骤（3）和（4），加工出偏心内孔，保证内孔尺寸$\phi 32^{+0.021}_{\ 0}$、偏心距（2±0.1）mm和平行度要求。

（9）检查。

四、课题小结

在本课题中，主要学习了偏心工件的定义及作用，介绍了在偏心工件的车削加工中常用的两种车削方法以及操作的要点，通过实际的偏心工件的车削训练，加深了对偏心工件的认识。

 车削细长轴

工件的长度（L）和直径（d）之比大于25的轴，称为细长轴。细长轴刚性差，加工时易弯曲变形。

 技能目标

1. 了解细长轴的车削方法
2. 掌握中心架、跟刀架安装及调整的操作技能
3. 了解废品产生的原因及防止措施

一、基础知识

1. 细长轴工件的工艺特点

（1）细长轴的柔、软、弯特性。切削加工时，由于背向分力的作用，工件出现弯曲变形，易车削成中间粗、两端细的腰鼓形。

（2）细长轴的下垂特性。细长轴由自重而引起弯曲变形，使中部下垂。旋转时，受离心力作用而产生机械震动，影响加工质量。

（3）细长轴的热膨胀特性。细长轴加工中产生的切削热，使工件的温度升高，从而导致工件伸长变形，容易引起震动，有时甚至使工件挤死在两顶尖间。

（4）细长轴刀具易磨损的特性。由于细长轴刀具进给的距离很长，在刚性不足的情况下进行切削，切削速度受到一定的限制，刀具磨损较快，工件容易出现锥度误差。

（5）细长轴使用过定位加工的特性。加工时，采用跟刀架、中心架等过定位装夹方法。若使用不当，很容易使工件产生竹节形、多棱形、麻花形等缺陷。

因此，车细长轴是一种难度较大的加工工艺。虽然车细长轴难度较大，但其加工方法也有一定的规律，主要解决方法有：正确使用中心架、跟刀架以提高工件的刚性，应用平面汇交力系来平衡切削力的作用，减小工件热变形伸长，合理选择切削用量及刀具几何角度等。以上关键技术，均可有效地提高细长轴类工件的加工质量。

2．使用中心架支撑车细长轴

车削长度为直径 25 倍以上的细长轴或端面带有深孔的细长工件时，由于工件本身的刚性很差，故受到切削力的作用时，往往容易产生弯曲变形和震动，容易把工件车成两头细中间粗的腰鼓形。为防止上述现象发生，需要附加辅助支撑，即中心架或跟刀架。

中心架主要用于加工有阶台或需要调头车削的细长轴（见图 6.23）以及端面和内孔（钻中孔）。中心架固定在床身导轨上，车削前应调整使其三个爪与工件轻轻接触，并加上润滑油。

在车削细长轴时，使用中心架来增加工件刚性，一般车削细长轴使用中心架的方法有两种。

（1）中心架直接支撑在工件的中间。

细长轴的装夹

当细长轴可以分段车削时，中心架的架体可通过压板支撑在工件中间，如图 6.23 所示，这样可使 L/d 的值减少 1 半，车削时细长轴的刚性可增加好几倍。工件装夹在中心架上之前，必须在其中间车一段支撑中心架支承爪的沟槽。沟槽的表面粗糙度值及圆柱度误差要小，否则会影响工件精度。调整中心时，必须先调整下面的两个支承爪，接触压力要适当，用紧定螺钉紧固，然后把上盖盖好并固定，调整上面的一个支承爪并用紧定螺钉紧固。

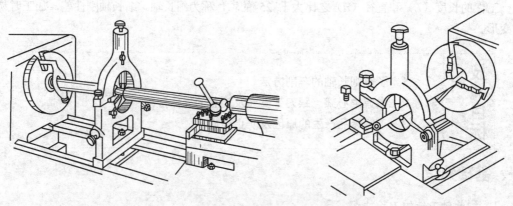

图 6.23　用中心架车削细长轴外圆、内孔及端面

车削时，支承爪与工件接触处应经常加润滑油，为了使支承爪和工件保持良好的接触，也可以在中心架支承爪与工件之间加一层砂布或研磨剂，进行研磨抱合。

（2）用过渡套筒支撑车细长轴。

在上面所介绍的方法中，要在细长轴中间车削一条沟槽比较困难。为了解决这一问题，可使用过渡套筒。将过渡套筒套在细长轴上，使支承爪与过渡套外表面接触，如图 6.24 所示。过渡套筒的两端各装有 4 个螺钉，用这些螺钉夹住工件毛坯，并调整套筒外圆的轴线与主轴旋转轴线相重合，即可车削。

3．使用跟刀架支撑车细长轴

对不适宜调头车削的细长轴，不能用中心架支撑，而要用跟刀架支撑进行车削，以增加工件的刚性，如图 6.25 所示。跟刀架固定在床鞍上，在车削时跟在车刀的后面，所以得名。它跟在车刀后面进行进给运动，可以抵消背向力，并且增加工件的刚度，减少变形，从而提高细长轴的形位精度和减小表面粗糙度值。

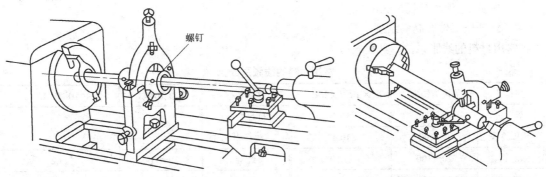

图 6.24　用过渡套筒支撑车细长轴　　　　　图 6.25　用跟刀架车削工件

跟刀架分为两个支承爪和三个支承爪两种，如图 6.26 所示。从跟刀架的设计原理来看，只需两个支承爪就可以了，如图 6.26（a）所示。车刀对工件的切削力 F，使工件贴在跟刀架的两个支撑爪上。但是在实际车削时，工件本身有一个向下的重力，并且工件免不了有些弯曲，因此工件往往因离心力的作用而瞬时离开支承爪、瞬时接触支承爪，这样就会产生震动。比较理想的跟刀架是三爪跟刀架，如果采用 3 个支承爪的跟刀架，如图 6.26（b）所示，工件一面由车刀抵住，另一面由跟刀架支撑，上下左右都不能移动，车削时工件就比较稳定，不易产生震动。因此，车削细长轴时要应用 3 个支承爪的跟刀架。

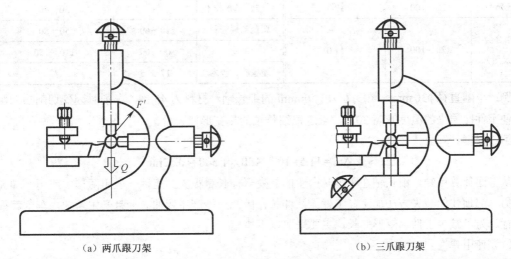

（a）两爪跟刀架　　　　　　　　　　　　　（b）三爪跟刀架

图 6.26　用跟刀架支撑车细长轴受力情况

4. 减少工件的热变形伸长

车削时，因切削热的影响，使工件随着温度升高而逐渐伸长，称为热变形。在车削一般轴类工件时可不考虑热变形伸长问题，但是车削细长轴时，因工件长、伸长量大，所以一定要考虑到热变形的影响。工件热变形伸长量可按下式计算：

$$\Delta L = \alpha_L \Delta t L$$

式中：ΔL ——工件热变形伸长量，mm；

α_L ——材料线胀系数，$1/℃$ ，钢：$\alpha_L = 11.5 \times 10^{-6}$；

L ——工件的总长，mm；

Δt ——工件升高的温度，℃。

常用材料的线胀系数，见表 6.1。

表 6.1　　　　　　　　　　　　常用材料的线胀系数 α_L

材料名称	温度范围/℃	$\alpha_L \times 10^{-6}/（1/℃）$	材料名称	温度范围/℃	$\alpha_L \times 10^{-6}/（1/℃）$
灰铸铁	0～100	10.4	铁锰合金（磁尺用）	20～100	11.0
球墨铸铁	0～100	10.4			
45 钢	20～100	11.59	纯铜	20～100	17.2
T10A	20～100	11.0	黄铜	20～100	17.8
20Cr	25～100	11.3	铝青铜	20～100	17.6
40Cr	25～100	11.0	锡青铜	20～100	18. 0
65Mn	25～100	11.1	铝	0～100	13.0
2Cr13	20～100	10.5	镍	0～100	13.0
60Si2Mn	20～100	11.5～12.4	光学玻璃	20～100	11. 0
1Cr18Ni9Ti	20～100	16.6	普通玻璃	20～100	4～11.5
Ni58	20	11.5	有机玻璃	20～100	120～130
GCr15	100	14.0	水泥、混凝土	20	10～14
38CrMoAlA	20～100	12.3	纤维、夹布胶木	20	30～40
镍相合金（磁尺用）	20～100	11.0	聚氯乙烯管材	10～60	50～80
			尼龙	0～100	110～150
			硬橡胶、胶木	17～25	77

例：车削直径 $\phi 30\,mm$，长度 L 为 1500mm 的细长轴，材料为 45 钢，车削时因受切削热的影响，使工件比原来的温度升高 30℃，求这根细长轴的热变形伸长量。

解：根据计算公式计算：

$$\Delta L = \alpha_L \Delta t L = 11.5 \times 10^{-6} \times 30 \times 1\,500 = 0.52mm$$

从上面计算可知，细长轴在车削时产生的热变形伸长量很大。工件一般用两顶尖或用一端夹住、另一端顶住的装夹方法加工，工件无法伸长，因此只能产生弯曲。一旦产生弯曲，车削就很难进行。为了减少工件热变形伸长，主要采取以下措施。

（1）使用弹性回转顶尖。

图 6.27 所示为弹性回转顶尖的结构，顶尖 1 用双列圆柱滚子轴承 2、滚针轴承 5 支撑背向切削力，推力球轴承 4 承受进给方向的推力，在双列圆柱滚子轴承和推力球轴承之间，放置两片碟形弹簧 3。当工件因热变形而伸长时，工件推动顶尖通过圆柱滚子轴承，使碟形弹簧压缩变形。生产实践证明，用弹性回转顶尖加工细长轴，可有效地补偿工件的热变形伸长，工件不易弯曲，车削可顺利进行。

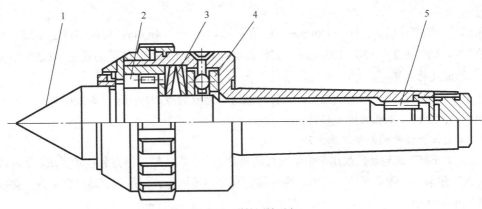

图 6.27　弹性回转顶尖

1—顶尖　2—双列圆柱滚子轴承　3—碟形弹簧　4—推力球轴承　5—滚针轴承

（2）加注足够的切削液。

车削细长轴时，不论是低速切削还是高速切削，为了减少工件的热变形伸长，必须加注足够的切削液。这样可以有效地降低切削区域的温度，提高刀具的使用寿命和工件的加工质量。

（3）刀具保持锋利。

刀具应经常保持锋利状态，以减少车刀与工件的摩擦，降低切削热。

5. 合理选择车刀的几何形状和刀具材料

车削细长轴时，由于工件刚性差，故车刀的几何形状对工件的弯曲变形、切削力、切削热、震动等都有明显的影响，选择时主要考虑以下几点。

（1）为了减少背向力，减少细长轴弯曲，车刀的主偏角取 $\kappa_r = 80° \sim 93°$。

（2）为了减小切削力和切削热，应该选择较大的前角 $\gamma_o = 15° \sim 30°$，使刀具锋利，减小切削变形。

（3）车刀前面应该磨有 $R1.5 \sim R3.2\mathrm{mm}$ 的断屑槽，使切屑卷曲折断。

（4）选择正值的刃倾角，取 $\lambda_o = 3° \sim 10°$，使切屑流向待加工表面。

（5）切削刃表面粗糙度要求不大于 $Ra0.4\mu\mathrm{m}$，并保持切削刀锋利。

（6）为了减少背向力，刀尖圆弧半径应选小些（ $r_e < 0.3\mathrm{mm}$ ），倒棱的宽度也应选择得较小，一般取 $b_r = 0.5f$。

（7）后角应选得小一些，一般 $\alpha_o = 4° \sim 6°$，起防振作用。图 6.28 所示为车削 90°细长轴车刀。

（8）选用热硬性和耐磨性好的刀片材料（如 YT15、YT30 或 YW1 等），并提高刀尖的刃磨质量，以增加刀具的寿命。

6. 加工细长轴的切削用量的选择

粗车和半精车细长轴切削用量的选择原则：可以减小背向力，减少切削热。车削细长轴时，一般在长径之比和工件材料韧性都较大时，应选用较小的切削用量，即增加车削进给次数，减小背吃刀量，以

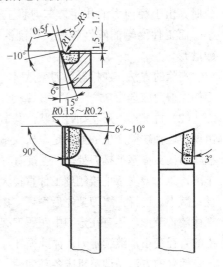

图 6.28　90°细长轴车刀

减少震动。

粗车时，切削速度 v_c = 50～60m/min；进给量 f =0.3 ～ 0.4mm/r；背吃刀量 a_p = 1.5～2mm。

精车时，切削速度 v_c = 50～100m/min；进给量 f =0.08～0.15mm/r；背吃刀量 a_p = 0.15～0.25mm。

7.　切削液的选择

加工细长轴时，应采用流动性能好的乳化液进行充分的冷却与润滑。如果用柴油掺入 10%全损耗用油的混合液，则效果更加显著。

8.　车削细长轴时的缺陷消除方法

"车工怕车杆"这句话反映出车削细长杆的难度。由于细长轴的特点和技术要求，故在高速车削时，易产生震动，导致多棱、竹节、圆柱度差和弯曲等缺陷。要想顺利地把它车好，必须全面注意工艺中的问题。

（1）机床调整。车床主轴与尾座两中心线的连线与车床大导轨上下左右必须平行，允差应小于 0.02mm。

（2）工件安装。在安装时，尽量不要产生过定位，用卡盘装夹一端时，不要超过 10mm。

（3）刀具。采用 κ_r = 80°～93° 偏刀，注意副后角 α_o = 4°～6°，千万不宜大。刀具安装时，应略高于中心。

（4）跟刀架在安装好后必须进行修整，可采用研、铰、镗等方法进行修查，使跟刀架爪与工件接触的弧面 R 大于或等于工件半径，千万不可小于工件半径，以防止多棱产生。在跟刀架爪调整时，使爪与工件接触即可，不要用力，以防竹节产生。

（5）辅助支撑。工件的长径比大于 40 时，应在车削的过程中，增设辅助支撑，以防止工件因震动或离心力的作用，产生工件甩弯。切削过程中注意顶尖的调整，以刚顶上工件为宜，不宜紧，并随时进行调整，防止工件热胀变形弯曲。

缺陷及消除方法有以下 2 种。

（1）鼓肚形。即车削以后，工件两头直径小，中间直径大。这种缺陷产生的原因，是由于细长轴刚性差，跟刀架的支承爪与工件表面接触不实，磨损产生了间隙，当车削到中间部分时，由于径向力的作用，车刀将工件的旋转中心压向主轴旋转中心的右侧，使切削深度减小，而工件两端的刚性较好，切削深度基本上无变化，因此中部产生"让刀"而使细长轴呈鼓肚形。

消除的方法。在接触跟刀架爪时，一定要仔细，使爪面与工件表面接触实，不得有间隙。车刀的主偏角应选为 75°～90°，以减小径向力。跟刀架爪应选耐磨性较好的铸铁。

（2）竹节形。形状如竹节状，其节距大约等于跟刀架支承爪与车刀刀尖间的距离，并且循环出现。这种缺陷产生的原因是车床大拖板和中拖板的间隙过大。毛坯料弯曲旋转时引起离心力和在跟刀架支撑基准接刀处，产生接刀时的"让刀"，使车出的一段直径略大于基准一段，继续走刀车削，跟刀架支承爪接触到工件直径大的一段，使工件的旋转中心压向车刀一边，车削出的工件直径减小。这样，跟刀架先后循环支撑在工件的不同直径处，使工件离开和靠近车刀，而形成有规律的竹节形。还有在走刀中跟跟刀架爪，用力过大，使工件的旋转中心压向车刀这边，造成车出的直径变小，继续走刀，如此循环，也形成竹节。

消除的方法是调整机床各部间隙，增强机床刚性。在接触跟刀架爪时，做到爪面既要与工件接触实，又不要用力大。在接刀处多切深 0.05～0.1mm，以消除走刀时的"让刀"现象，切深的大小，要根据机床的规律，灵活掌握。

二、拓展训练

根据图 6.29 所示尺寸进行操作训练。

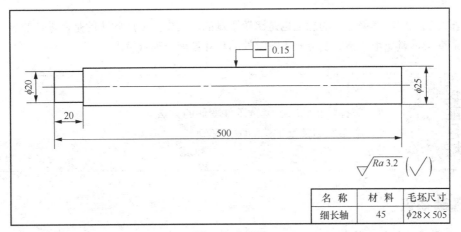

图 6.29　细长轴

【操作步骤】

（1）识读零件图，并进行工艺分析，确定操作步骤。

（2）根据操作要求合理选择刀具、量具、工具等。

（3）根据材料夹持毛坯 ϕ28 外圆，伸出长度 30mm 左右，找正夹紧。

（4）粗、精车左端面，ϕ20 外圆车至尺寸要求。

（5）倒角。

（6）调头夹持，找正夹紧。

（7）粗、精车右端面，保证总长 500mm。

（8）打中心孔。

（9）一夹一顶装夹，采用 90° 左偏刀从左至右粗、精车外圆 ϕ25 至尺寸要求。

（10）倒角。

提示

（1）左端 ϕ20 外圆的夹持部分垫钢丝圈。

（2）采用弹性活络顶尖。

（3）车刀主偏角为 90°～93°。

（4）从床头往尾座方向车削。

（5）切削余量要小。

三、课题小结

在本课题中，通过对细长轴工艺特点的分析，了解和掌握了在车削细长轴中所采用的不同方法。通过对细长轴的实际加工训练，练习了细长轴的加工方法。

车薄壁工件

在车削加工中，薄壁零件的加工也是比较困难的，其中主要应解决的是在零件的装夹时所引起的装夹变形，避免由于装夹变形而影响零件的尺寸精度及形状精度。

技能目标

1. 掌握防止和减少薄壁工件变形的方法
2. 掌握车削薄壁工件的技术要领

一、基础知识

1. 薄壁工件的加工特点

车薄壁工件时，由于工件的刚性差，故在车削过程中，可能产生以下现象。

（1）因工件壁薄，在夹紧力的作用下容易产生变形，从而影响工件的尺寸精度和形状精度。当采用图 6.30（a）所示方式夹紧工件加工内孔时，在夹紧力的作用下，外圆会略微变成三边形，但车孔后得到的是一个圆柱孔。当松开卡爪，取下工件后，弹性恢复，外圆恢复成圆柱形，而内孔则变成图 6.30（b）所示的弧形三边形。若用内径千分尺测量时，各个方向直径 D 相等，但已变形不是内圆柱面了，这称之为等直径变形。

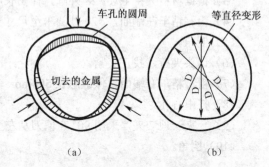

图 6.30 薄壁工件的夹紧变形图

（2）因工件较薄，切削热会引起工件热变形，从而使工件尺寸难以控制。对于线膨胀系数较大的金属薄壁工件，如在一次安装中连续完成半精车和精车，则由切削热引起工件的热变形，会对其尺寸精度产生极大影响，有时甚至会使工件卡死在夹具上。

（3）在切削力（特别是径向切削力）的作用下，容易产生震动和变形，影响工件的尺寸精度、形状精度、位置精度和表面粗糙度。

2. 减少和消除薄壁工件变形的方法

（1）工件分粗、精车。

粗车时，由于切削余量较大，因此夹紧力稍大些，变形也相应大些；精车时，夹紧力可稍小些，一方面夹紧变形小，另一方面精车时还可以消除粗车时因切削力过大而产生的变形。

（2）合理选用刀具的几何参数。

精车薄壁工件时，刀柄的刚度要求高，车刀的修光刃不宜过长（一般取 0.2~0.3mm），刃口要锋利。通常情况下，车刀几何参数可参考下列要求。

① 外圆精车刀：$\kappa_r = 90°\sim93°$，$\kappa_r' = 15°$，$\alpha_o = 14°\sim16°$，$\alpha_o' = 15°$，γ_o 适当增大。

② 内孔精车刀：$\kappa_r=60°$，$\kappa_r'=30°$，$\gamma_o=35°$，$\alpha_o=14°\sim16°$，$\alpha_o'=6°\sim8°$，$\lambda_s=5°\sim6°$。

（3）增加装夹接触面。

采用开缝套筒（见图6.31）或一些特制的软卡爪使接触面增大，让夹紧力均布在工件上，从而使工件夹紧时不易产生变形。

（4）采用轴向夹紧夹具。

车薄壁工件时，尽量不使用图6.32（a）所示的径向夹紧，而优先选用图6.32（b）所示的轴向夹紧方法。图6.32（b）中，工件靠轴向夹紧套（螺纹套）的端面实现轴向夹紧，由于夹紧力 F 沿工件轴向分布，因此工件轴向刚度大，不易产生夹紧变形。

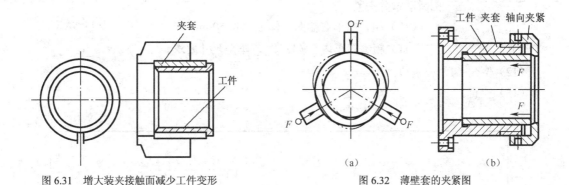

图6.31 增大装夹接触面减少工件变形   图6.32 薄壁套的夹紧图

（5）增加工艺肋。

有些薄壁工件在其装夹部位特制几根工艺肋（见图6.33），以增强此处刚性，使夹紧力作用在工艺肋上，以减少工件的变形，加工完毕后，再去掉工艺肋。

（6）合理选择切削用量。

薄壁工件车削时，应根据其刚度低、易变形等特点，适当降低切削用量，一般按照中速、小吃刀量、快进给的原则进行选择。具体数据可参考表6.2。

（7）充分浇注切削液。

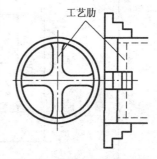

图6.33 增加工艺肋减少变形

通过充分浇注切削液，降低切削温度，减少工件热变形。

表6.2 车削薄壁工件时的切削用量

加 工 性 质	切削速度 v_c /（m/min）	进给量 f /（mm/r）	背吃刀量 a_p /（mm）
粗车	70～80	0.6～0.8	1
精车	100～120	0.15～0.25	0.3～0.5

二、拓展训练

根据图6.34所示尺寸进行操作训练（毛坯$\phi65\times75$，材料锡青铜）。

【操作步骤】

（1）识读零件图，并进行工艺分析，确定操作步骤。

（2）根据操作要求合理选择刀具、量具、工具等。

（3）根据毛坯材料，夹持右端，伸出长度 60mm 左右，找正并夹紧。

（4）粗、精车左端面。

（5）粗车外圆 $\phi 60$，车至 $\phi 61 \times 55$，粗车外圆 $\phi 48$，车至 $\phi 49 \times 46$。

（6）钻孔粗车内孔 $\phi 30$，车至 $\phi 29 \times 53$。

薄壁工件加工刀具
的特点

（7）精车外圆 $\phi 60_{-0.05}^{0}$、外圆 $\phi 48_{-0.05}^{0}$、内孔 $\phi 30_{0}^{+0.05}$，车至尺寸要求。

（8）去锐边。

（9）用开缝套筒调头装夹 $\phi 48_{-0.05}^{0}$ 外圆，用百分表找正工件外圆，控制外圆跳动量并夹紧。

（10）粗、精车右端面，保证总长 50mm。

（11）粗、精车内孔 $\phi 42_{0}^{+0.05}$，车至尺寸要求。

（12）倒角 $C1$，去锐边。

（13）检查。

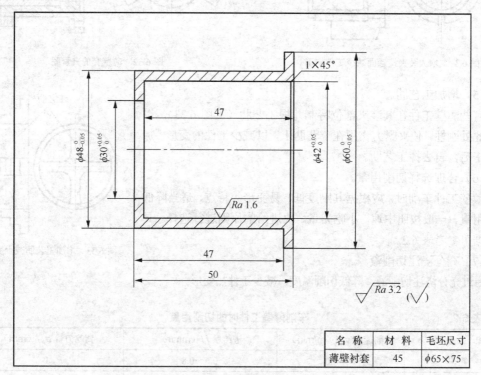

图 6.34 薄壁衬套

名 称	材 料	毛坯尺寸
薄壁衬套	45	$\phi 65 \times 75$

三、课题小结

在本课题中，主要了解了薄壁工件的加工特点，介绍了减少和消除薄壁工件变形的方法，通过有针对性的操作训练来验证此方法的有效性。

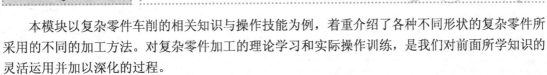

模块总结

本模块以复杂零件车削的相关知识与操作技能为例，着重介绍了各种不同形状的复杂零件所采用的不同的加工方法。对复杂零件加工的理论学习和实际操作训练，是我们对前面所学知识的灵活运用并加以深化的过程。

模块七 7 典型零件车削综合训练

综合训练是在学习各模块的基本知识与基本技能的基础上，通过对复合零件的工艺分析和车削加工，使学生的工艺分析能力得到提高，操作技能得到巩固和发展。

车削圆锥阶台轴

圆锥阶台轴零件是轴类零件加工中的一种典型零件，主要涉及锥度加工与阶台之间形位公差的要求，以及标准莫氏锥度的车削训练。

一、图形及技术要求

根据图 7.1 所示图形及技术要求车削圆锥阶台轴。

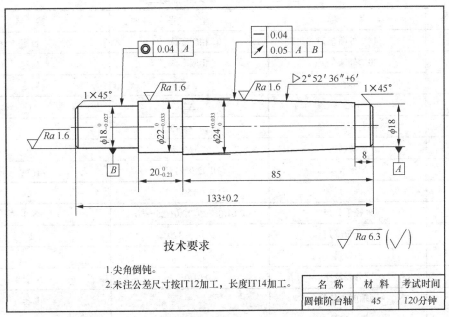

图 7.1 圆锥阶台轴

二、加工工艺分析

（1）图形分析。图 7.1 所示圆锥阶台轴，属于阶台轴类零件，由圆柱面、轴肩、圆锥面所组成。该零件主要对两端外圆 $\phi18$ 和圆锥面有较高的形位公差要求，且自身也有较高的尺寸精度，表面粗糙度值小，所以车削时采用两顶尖装夹，保证形位精度的要求。

（2）选择毛坯。零件各挡外圆柱面的尺寸相差不大，选择 45 热轧圆钢作为毛坯。

三、准备要求

（1）材料准备见表 7.1。

表 7.1   加工材料   （单位：mm）

名　称	规　格	数　量
45	$\phi30\times135$	1 根/学生

（2）设备准备见表 7.2。

表 7.2　　　　　　　　　　加工设备

名　　称	规　　格	数　　量
车床	C620 或 C6140	
卡盘扳手	相应车床	1 副/车
刀架扳手	相应车床	1 副/车

注：可根据实际情况选择其他型号的车床。

（3）工具、刃具、量具和辅具准备见表 7.3。

表 7.3　　　　　　　　　加工工具、刃具、量具和辅助工具

序　号	名　　称	型　　号	数　　量
1	45° 外圆车刀	相应车床	自定
2	90° 外圆车刀	相应车床	自定
3	车断刀	$\phi 26$	自定
4	中心钻	A3	1
5	钻夹头及钻套	$\phi 1 \sim \phi 13$	1
6	活动顶尖	相应车床	1
7	游标卡尺	0.02/0～150	自定
8	钢直尺	150	1
9	外径千分尺	0.01/0～25，0.01/25～50	各 1
10	万能角度尺	2′/0°～320°	1
11	刀口尺	—	1
12	百分表及座	0.01/0～3	1 套
13	同轴度测量仪	—	1 套
14	常用工具	—	自定

四、加工步骤

（1）识读零件图，并进行工艺分析，确定操作步骤。

（2）根据操作要求合理选择刀具、量具、工具等。

（3）根据材料，用三爪自定心卡盘夹持毛坯 $\phi 30$，伸出长度 70mm 左右，找正夹紧。

（4）粗、精车右端面。

（5）粗车外圆 $\phi 24^{+0.033}_{0}$，车至 $\phi 26$，长度车至 68mm。$\phi 18 \times 8$ 车至 $\phi 18 \times 7$。

（6）打中心孔 A2。

（7）调头装夹，夹持 $\phi 26$ 外圆，伸出长度 70mm，找正夹紧。

（8）粗、精车左端面，保证总长 133mm±0.20mm 至尺寸要求。

（9）粗车外圆 $\phi 18 \times 28$，车至 $\phi 20 \times 27$；$\phi 22^{0}_{-0.033} \times 20^{0}_{-0.21}$ 车至 $\phi 24 \times 19$。

（10）精车 $\phi 18 \times 28$、$\phi 22^{0}_{-0.033} \times 20^{0}_{-0.21}$，车至尺寸要求。

（11）打中心孔 A2。

（12）倒角 1×45°，去锐边。

（13）包铜皮夹持左端外圆 $\phi18$，一夹一顶装夹工件，找正夹紧。

（14）精车外圆 $\phi18\times8$，车至尺寸要求。

（15）利用小滑板法车削圆锥，粗、精车锥度至尺寸要求。

（16）倒角 1×45°，去锐边。

（17）检查。

五、注意事项

（1）车锥度时车刀应对准工件中心。

（2）可利用百分表调准小滑板车锥度。

（3）装夹时用百分表调整，控制形状位置精度。

六、检测评分

检测评分表见表 7.4。

表 7.4　　　　　　　　　检测评分表

序号	项　目	考　核　内　容		配　分		检测结果	得分
				IT	Ra		
1		$2°52'34''\pm6'$	$Ra3.2$	10	8		
2		$\phi24^{+0.033}_{0}$		8			
3	外圆锥	85		6			
4		↗ | 0.05 | $A-B$		4			
5		— | 0.04		4			
6		$\phi18^{0}_{-0.027}$	$Ra3.2$	8	4		
7	外圆	$\phi22^{0}_{-0.033}$	$Ra3.2$	8	4		
8		$\phi18$	$Ra6.3$	4	2		
9		$20^{0}_{-0.21}$		3			
10	长度	133 ± 0.20		3			
11		8		2			
12	其他	◎ | 0.04 | A		5			
13		1×45°（2 处）		2			
14		工具的正确使用		1			
15	工具、量具、	量具的正确使用		1			
16	刃具 和设备的使用	刃具的合理使用		1			
17		设备的正确操作和维护保养		2			
18		切削加工工序的制定		2			
19	工艺的制定	切削用量的选用		2			
20		装夹方式		1			

续表

序号	项 目	考 核 内 容	配 分		检 测 结 果	得 分
			IT	Ra		
21	安全文明生产	安全生产	3			
22		文明生产	2			
合 计			100			

评分标准：尺寸精度和形状位置精度超差时该项不得分，表面粗糙度增值时该项不得分。

否定项：锥度超差至 2°52′34″±10′ 以外时，此件视为不合格。

评分人： 年 月 日 核分人： 年 月 日

 **车削球形圆锥轴**

球形圆锥轴零件是轴类零件加工中的一种典型零件，主要涉及球形加工与圆锥之间形位公差的要求，以及标准莫氏锥度的车削训练。

一、图形及技术要求

根据图 7.2 所示图形及技术要求车球形圆锥轴。

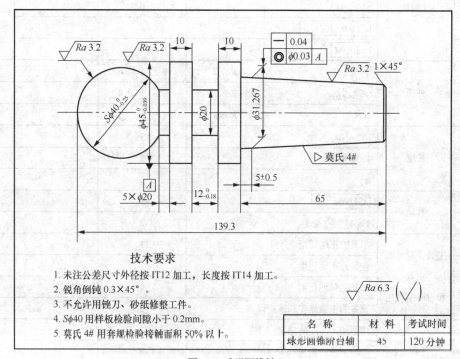

技术要求

1. 未注公差尺寸外径按 IT12 加工，长度按 IT14 加工。
2. 锐角倒钝 0.3×45°。
3. 不允许用锉刀、砂纸修整工件。
4. Sφ40 用样板检验间隙小于 0.2mm。
5. 莫氏 4# 用套规检验接触面积 50% 以上。

$\sqrt{Ra\,6.3}$ ($\checkmark$)

名 称	材 料	考试时间
球形圆锥阶台轴	45	120分钟

图 7.2 球形圆锥轴

二、加工工艺分析

（1）图形分析。图 7.2 所示为球形圆锥轴，由外圆柱面、圆锥面、球面体、槽所组成。其主要尺寸 ϕ45 外圆和圆锥体有形位公差要求，所以加工中须一次装夹完成这几个表面，球面体加工采用双手控制法完成。

（2）选择毛坯。选择 45 热轧圆钢作为毛坯。

三、准备要求

（1）材料准备见表 7.5。

表 7.5 　　　　　　　　　　加工材料　　　　　　　　　　（单位：mm）

名　　称	规　　格	数　　量
45	ϕ50×150	1 根/学生

（2）设备准备见表 7.6。

表 7.6 　　　　　　　　　　加工设备

名　　称	规　　格	数　　量
车床	C620 或 C6140	
卡盘扳手	相应车床	1 副/车
刀架扳手	相应车床	1 副/车

注：可根据实际情况选择其他型号的车床。

（3）工具、刃具、量具、辅具准备见表 7.7。

表 7.7 　　　　　　　加工工具、刃具、量具、辅助工具

序　号	名　　称	型　　号	数　　量
1	45°外圆车刀	相应车床	自定
2	90°外圆车刀	相应车床	自定
3	外沟槽刀	S=5	自定
4	车断刀	ϕ50	自定
5	圆头车刀	$S\phi$40	自定
6	游标卡尺	0.02/0～150	1
7	外径千分尺	0.01/25～50	1
8	半径规	R20	1
9	锥度套规	莫氏 4#	1
10	红丹粉	—	自定
11	刀口尺	—	1
12	常用工具	—	自定

四、加工步骤

（1）识读零件图，并进行工艺分析，确定操作步骤。

（2）根据操作要求合理选择刀具、量具、工具等。

（3）根据材料，用三爪自定心卡盘夹持毛坯ϕ50，伸出长度 100mm 左右，找正夹紧。

（4）粗车左端面。

（5）粗车外圆ϕ31.267×65，车至ϕ33×64；粗车外圆ϕ45$_{-0.039}^{0}$，车至ϕ47；长度车至 96mm。

（6）调头夹持ϕ47 外圆，长度伸出 50mm 左右，找正夹紧。

（7）粗车左端面，总长控制在 141mm。

（8）粗车圆球外圆，车至ϕ42×36。

（9）调头夹持ϕ42，工件端面紧贴卡爪端面。

（10）精车右端面见光。

（11）精车外圆ϕ45$_{-0.039}^{0}$、ϕ20 至尺寸要求。

（12）粗、精车圆锥至尺寸要求。

（13）倒角，去锐边。

（14）调头夹持外圆ϕ45$_{-0.039}^{0}$，伸出长度 48mm 左右。找正夹紧。

（15）精车左端面，保证总长 139.3mm。

（16）精车ϕ20×5，车至尺寸要求。

（17）粗、精车圆球，至尺寸要求。

（18）去锐边。

（19）检查。

五、注意事项

（1）粗车圆球用大滑板和中滑板配合。精车圆球用中滑板和小滑板配合。

（2）车削锥度保证装刀中心。

六、检测评分

检测评分表见表 7.8。

表 7.8　　　　　　　　　　　　　检测评分表

序号	项目	考核内容		配分		检测结果	得分
				IT	Ra		
1	圆球	$S\phi 40_{-0.25}^{0}$（间隙小于 0.2mm）	Ra3.2	10	8		
2		莫氏 4#（接触面积 50%）	Ra3.2	12	6		
3	外圆锥	65		5			
4		ϕ31.267		5			
5		─ 0.04		5			
6	外圆	$\phi 45_{-0.039}^{0}$	Ra3.2	8	4		
7		ϕ20	Ra6.3	4	2		

续表

序号	项　目	考 核 内 容	配　分		检测结果	得分
			IT	Ra		
8	长度	10（两处）	2			
9		$\phi12_{-0.18}^{\ 0}$　　　　5±0.50	6			
10	其他	◎ $\phi0.03$ A	5			
11		1×45°	3			
12	工具、量具、刃具和设备的使用	工具的正确使用	1			
13		量具的正确使用	1			
14		刃具的合理使用	1			
15		设备的正确操作和维护保养	2			
16	工艺的制定	切削加工工序的制定	2			
17		切削用量的选用	2			
18		装夹方式	1			
19	安全文明生产	安全生产	3			
20		文明生产	2			
合　计			100			

评分标准：尺寸精度和形状位置精度超差时该项不得分，表面粗糙度增值时该项不得分。

否定项：圆球 $S\phi40_{-0.25}^{\ 0}$ 超差至 $S\phi40_{-0.062}^{\ 0}$（间隙大于 0.4mm）和圆锥锥度接触面积小于 50% 时，此件视为不合格。

评分人：　　　年　月　日　　　　　核分人：　　　年　月　日

课题三　车削圆锥齿轮轴

　　圆锥齿轮轴零件是机械产品中的一种典型零件，由于齿轮传动的特殊性，加工时应考虑其形位公差的要求，并应注意加工工艺和定位装夹方法。

一、图形及技术要求

　　根据图 7.3 所示图形及技术要求车削圆锥齿轮轴。

二、加工工艺分析

　　（1）图形分析。图 7.3 所示为圆锥齿轮轴，由外圆柱面、锥形面、端面槽、外圆槽等组成。主要尺寸 $\phi28_{-0.033}^{\ 0}$ 外圆和圆锥体有较高的跳动和垂直度要求，所以夹持 $\phi28_{-0.033}^{\ 0}$ 外圆加工锥形面时，须利用百分表调正跳动及垂直度要求。

　　（2）选择毛坯。选择 45 热轧圆钢作为毛坯。

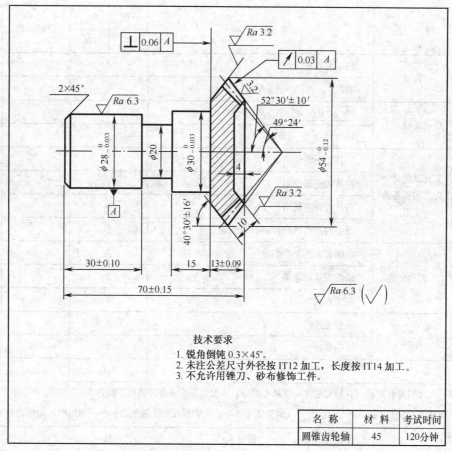

图 7.3 圆锥齿轮轴

名　称	材　料	考试时间
圆锥齿轮轴	45	120分钟

技术要求

1. 锐角倒钝 0.3×45°。
2. 未注公差尺寸外径按 IT12 加工，长度按 IT14 加工。
3. 不允许用锉刀、砂布修饰工件。

三、准备要求

（1）材料准备见表 7.9。

表 7.9　　　　　　　　　　　　　　加工材料　　　　　　　　　　　　　　（单位：mm）

名　　称	规　格	数　量
45	$\phi 60 \times 80$	1根/学生

（2）设备准备见表 7.10。

表 7.10　　　　　　　　　　　　　　加工设备

名　　称	规　　格	数　量
车床	C620 或 C6140	
卡盘扳手	相应车床	1 副/车
刀架扳手	相应车床	1 副/车

注：可根据实际情况选择其他型号的车床。

（3）工具、刃具、量具、辅具准备见表 7.11。

表 7.11　　　　　　　　　加工工具、刃具、量具、辅助工具

序号	名　称	型　号	数　量
1	45°外圆车刀	相应车床	自定
2	90°外圆车刀	相应车床	自定
3	外沟槽刀	$S=5$　$L=5$	自定
4	车断刀	$\phi 60$	自定
5	45°大后角内锥车刀	深 4	自定
6	游标卡尺	0.02/0～150	1
7	外径千分尺	0.01/25～50	1
8	钢直尺	150	1
9	百分表及座	0.01/0～3	1 套
10	万能角度尺	2′/0°～320°	1 套
11	常用工具	—	自定

四、加工步骤

（1）识读零件图，并进行工艺分析，确定操作步骤。

（2）根据操作要求合理选择刀具、量具、工具等。

（3）根据材料，用三爪自定心卡盘夹持毛坯 $\phi 60$，伸出长度 65mm 左右，找正夹紧。

（4）粗车左端面。

（5）粗车外圆 $\phi 28_{-0.033}^{0}$、$\phi 30_{-0.033}^{0}$，各留精车余量 2mm。

（6）调头装夹 $\phi 30_{-0.033}^{0}$ 外圆，找正并夹紧。

（7）粗车右端面。控制总长在 78mm。

（8）粗车外圆，车至尺寸 $\phi 56$。

（9）调头装夹 $\phi 56$ 外圆，找正夹紧。

（10）精车左端面。

（11）精车外圆 $\phi 28_{-0.033}^{0}$、$\phi 20$、$\phi 30_{-0.033}^{0}$，车至尺寸要求。

（12）倒角。

（13）包铜皮夹持 $\phi 30_{-0.033}^{0}$，精车外圆，找正夹紧。

（14）车右端面，保证总长 70 ± 0.15mm。

（15）精车外圆 $\phi 54_{-0.12}^{0}\times13\pm0.09$，车至尺寸要求。

（16）利用小滑板法粗、精车左右锥度到尺寸要求。

（17）精车端面短锥至尺寸要求。

（18）去锐边。

（19）检查。

五、注意事项

（1）夹持 $\phi 28$ 外圆加工左端锥形时，利用百分表调正圆跳动保证垂直度。

（2）端面槽须在锥形加工好后加工，以利于锥体测量。

六、检测评分

检测评分表见表 7.12。

表 7.12　　　　　　　　　　　　检测评分表

序号	项　目	考核内容		配　分		检测结果	得分
				IT	Ra		
1	圆锥齿轮	$\phi 54_{-0.12}^{0}$		6			
2		10		6			
3		$52°30'\pm10'$	Ra3.2	10	4		
4		4		2			
5		$40°30'\pm16'$（2 处）	Ra3.2	4	2		
6	外圆	$\phi 28_{-0.033}^{0}$	Ra3.2	6	4		
7		$\phi 30_{-0.033}^{0}$	Ra3.2	6	4		
8		$\phi 20$	Ra6.3	3	3		
9	长度	30 ± 0.10		3			
10		13 ± 0.09		3			
11		70 ± 0.15		2			
12		15		4			
13	其他	↗ 0.03 A		5			
14		⊥ 0.06 A		5			
15		$2\times45°$		2			
16	工具、量具、刃具和设备的使用	工具的正确使用		1			
17		量具的正确使用		1			
18		刃具的合理使用		1			
19		设备的正确操作和维护保养		2			
20	工艺的制定	切削加工工序的制定		2			
21		切削用量的选用		2			
22		装夹方式		1			
23	安全文明生产	安全生产		3			
24		文明生产		2			
合　计				100			

评分标准：尺寸精度和形状位置精度超差时该项不得分，表面粗糙度增值时该项不得分。

否定项：圆锥齿轮部分 $52°30'\pm10'$ 和 $40°30'\pm16'$ 都超差时，此件视为不合格。

评分人：　　　　年　月　日　　　　　　核分人：　　　　年　月　日

螺纹配合是机械产品中常见的连接形式,通过内外螺纹的加工,了解其技术要求和加工方法。

一、图形及技术要求

根据图 7.4 所示图形及技术要求车削内、外三角形螺纹配合件。

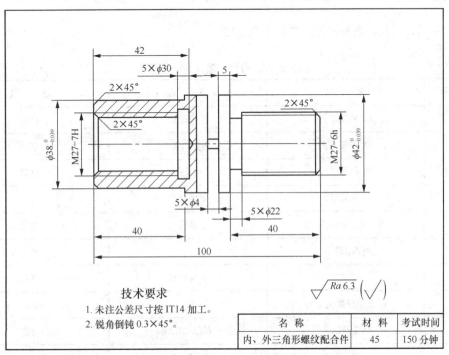

技术要求
1. 未注公差尺寸按 IT14 加工。
2. 锐角倒钝 0.3×45°。

名　称	材　料	考试时间
内、外三角形螺纹配合件	45	150 分钟

图 7.4　内、外三角形螺纹配合件

二、加工工艺分析

(1)图形分析。图 7.4 所示为内、外三角形螺纹配合件,由外圆柱面、内外三角形螺纹、退刀槽、切断槽所组成。主要的加工面为内、外三角形螺纹,并且在加工中不能采用外三角形螺纹作为螺纹塞规,所以加工时特别要注意中间车断后内、外三角形螺纹的配合精度要求。

(2)选择毛坯。选择 45 热轧圆钢作为毛坯。

三、准备要求

(1)材料准备见表 7.13。

表 7.13　　　　　　　　　　　　加工材料　　　　　　　　　　　(单位:mm)

名　称	规　格	数　量
45	$\phi 45 \times 110$	1 根/学生

（2）设备准备见表 7.14。

表 7.14　　　　　　　　　　　　加工设备

名　　称	规　　格	数　　量
车床	C620 或 C6140	—
卡盘扳手	相应车床	1 副/车
刀架扳手	相应车床	1 副/车

注：除上述型号的车床外，C616、C6132、C618 和 C6136 也可。

（3）工具、刃具、量具、辅具准备见表 7.15。

表 7.15　　　　　　　　　　加工工具、刃具、量具、辅助工具

序　号	名　　称	型　号	数　量
1	45°外圆车刀	相应车床	自定
2	90°外圆车刀	相应车床	自定
3	外沟槽车刀	$S=5$	自定
4	车断刀	$\phi 45$	自定
5	外三角形螺纹车刀	$P=3$	自定
6	内沟槽车刀	—	自定
7	内孔车刀	$\phi 24 \times 40$	自定
8	内三角形螺纹车刀	$P=3$	自定
9	钻头及钻套	直径 $<\phi 24$	自定
10	游标卡尺	0.02/0～150	1
11	游标深度尺	0.02/0～200	1
12	外径千分尺	0.01/25～50	1
13	螺纹环规	M27-6h	1 套
14	螺纹塞规	M27-7H	1 套
15	常用工具	—	自定

四、加工步骤

（1）识读零件图，并进行工艺分析，确定操作步骤。

（2）根据操作要求合理选择刀具、量具、工具等。

（3）根据材料，用三爪自定心卡盘夹持外圆毛坯 $\phi 45$，伸出长度 70mm 左右，找正夹紧。

（4）粗车右端面。

（5）粗车外圆$\phi42_{-0.039}^{0}$、外圆$\phi27$，各留精车余量 2mm。

（6）调头夹持$\phi29$外圆，找正夹紧。

（7）粗、精车左端面，控制总长在 101mm。

（8）粗车外圆$\phi38_{-0.039}^{0}\times40$，车至尺寸$\phi40\times39$。

（9）用麻花钻打孔$\phi22$。

（10）精车内孔，车至尺寸$\phi23.9$。内螺纹退刀槽车至尺寸要求并倒角。

（11）粗、精车内螺纹至尺寸要求。

（12）精车外圆$\phi42_{-0.039}^{0}$、外圆$\phi38_{-0.039}^{0}$，车至尺寸要求。

（13）倒角，去锐边。

（14）调头夹持$\phi38_{-0.039}^{0}$外圆，找正夹紧。

（15）精车右端面，保证总长 100mm。

（16）精车螺纹外圆至尺寸$\phi26.8$，螺纹退刀槽$\phi22\times5$车至尺寸要求。

（17）倒螺纹角。

（18）粗、精车外螺纹至尺寸要求。

（19）去锐边。

（20）车槽车至尺寸$\phi4\times5$。

（21）检查。

五、注意事项

（1）内、外螺纹采用螺纹环规和螺纹塞规测量。

（2）最后由指导教师切断零件，检查内外螺纹的配合情况。

六、检测评分

检测评分表见表 7.16。

表 7.16　　　　　　　　　　检测评分表

序号	项　　目	考核内容		配　　分		检测结果	得分
				IT	Ra		
			螺　纹　轴				
1	外三角形螺纹	$\phi27_{-0.335}^{0}$		4			
2		M27－6h	Ra3.2	15	5		
3		30°±5′		5			
4	外圆	$\phi42_{-0.039}^{0}$	Ra3.2	10	6		
5		$\phi22$	Ra6.3	2	1		
6	长度	40　5（两处）		2			
7	其他	2×45°		2			
			螺　纹　套				
8	内三角形螺纹	小径$\phi23.75_{0}^{+0.5}$		5			
9		M27－7H	Ra3.2	15	5		

序号	项 目	考核内容		配 分		检测结果	得分
				IT	Ra		
10	外圆	$\phi38_{-0.039}^{0}$	Ra3.2	2	1		
11	长度	42 40		3			
12	其他	2×45°（两处）		2			
13	螺纹配合	旋合松紧适当		5			
14	工具、量具、刃具和设备的使用	工具的正确使用		1			
15		量具的正确使用		1			
16		刃具的合理使用		1			
17		设备的正确操作和维护保养		2			
18	工艺的制定	切削加工工序的制定		2			
19		切削用量的选用		2			
20		装夹方式		1			
21	安全文明生产	安全生产		3			
22		文明生产		2			
合 计				100			

评分标准：尺寸精度和形状位置精度超差时该项不得分，表面粗糙度增值时该项不得分。

否定项：内、外螺纹精度分别降两级或无法配合时，此件视为不合格。

评分人： 年 月 日 核分人： 年 月 日

课题五 车削莫氏变径套

莫氏变径套是机床设备中常用的附件，通过车削加工，了解其加工工艺和车削方法，掌握和提高锥度的车削方法，提高调整机床的熟练性和准确性。

一、图形及技术要求

根据图 7.5 所示图形及技术要求车削莫氏变径套。

二、加工工艺分析

（1）图形分析。图 7.5 所示为莫氏变径套，由外圆锥面、内圆锥面、内孔等组成。主要的加工面为内、外圆锥面，在加工时，由于是整体的外圆锥面，并且内、外圆锥有同轴度要求，故在加工时可以根据毛坯的长度来选择加工方案：一是一次装夹内、外圆锥加工完成，适合于材料比较长，能保证图形所要求的伸出长度；二是以内圆锥加工完成后作为定位基准，加工外圆锥，适合材料比较短，不能保证装夹中图形的伸出长度。

（2）选择毛坯。选择 45 热轧圆钢作为毛坯。

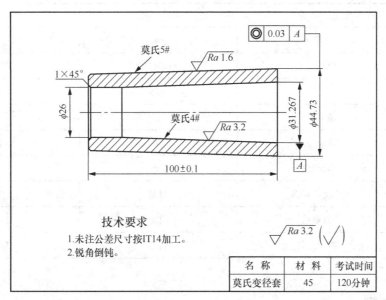

图 7.5 莫氏变径套

三、准备要求

（1）材料准备见表 7.17。

表 7.17　　　　　　　　　　加工材料　　　　　　　　　　（单位：mm）

名　　称	规　　格	数　　量
45	$\phi50\times140$	1 根/学生

（2）设备准备见表 7.18。

表 7.18　　　　　　　　　　加工设备

名　　称	规　　格	数　　量
车床	C620 或 C6140	—
卡盘扳手	相应车床	1 副/车
刀架扳手	相应车床	1 副/车

注：除上述型号的车床外，C610、C6132、C618、C6136 也可。

（3）工具、刃具、量具、辅具准备见表 7.19。

表 7.19　　　　　　　　加工工具、刃具、量具辅助工具

序　号	名　　称	型　　号	数　　量
1	45° 外圆车刀	相应车床	自定
2	90° 外圆车刀	相应车床	自定

续表

序　号	名　　称	型　　号	数　　量
3	车断刀	$\phi45$	自定
4	内孔车刀	$\phi26\times100$	自定
5	钻头	$\phi26$	1
6	游标卡尺	0.02/0～150	1
7	莫氏塞规	4#	1
8	莫氏套规	5#	1
9	莫氏 4#胎具	自制	1
10	红丹粉	自选	自定
11	常用工具	自选	自定

四、加工步骤

（1）识读零件图，并进行工艺分析，确定操作步骤。

（2）根据操作要求合理选择刀具、量具、工具等。

（3）根据材料，用三爪自定心卡盘夹持外圆毛坯$\phi50$，伸出长度108mm 左右，找正夹紧。

（4）粗、精车右端面。

（5）粗车外圆至尺寸$\phi46\times105$。

（6）钻孔至$\phi24$。

（7）精车内孔$\phi26$，车至尺寸要求。

（8）利用小滑板法粗、精车莫氏 4#内锥，至尺寸要求。

（9）粗、精车莫氏 5#外锥至尺寸要求。

（10）去锐边。

（11）车断，控制总长 101mm。

（12）调头装夹，保证总长 100mm。

（13）倒角。

（14）检查。

五、注意事项

（1）左端采用锥度芯轴装夹倒角。

（2）加工内外圆锥面小滑板转动方向相同。

六、检测评分

检测评分表见表 7.20。

表 7.20   检测评分表

序号	项　目	考核内容	配　分		检测结果	得　分
			IT	Ra		
1	内圆锥	ϕ31.267	8			
2		莫氏 4#（接触面积 70%）	15			
3		Ra3.2		10		
4	外圆锥	ϕ44.73	8			
5		莫氏 5#（接触面积 70%）	15			
6		Ra1.6		13		
7	长度	100	4			
8	其他	1×45°	2			
9		◎ ϕ0.03 A	10			
10	工量刃具和设备的使用	工具的正确使用	1			
11		量具的正确使用	1			
12		刃具的合理使用	1			
13		设备的正确操作和维护保养	2			
14	工艺的制定	切削加工工序的制定	5			
15		切削用量的选用	2			
16		装夹方式	1			
17	安全文明生产	安全生产	1			
18		文明生产	1			
合　计			100			

评分标准：尺寸和形状位置精度超差时扣该项全部分，粗糙度增值时扣该项全部分。

否定项：内外圆锥锥度接触面积都达不到 50%时，此件视为不合格。

评分人：　　　年　月　日　　　　　核分人：　　　年　月　日

车削带孔、三角形螺纹和梯形螺纹轴

带孔、三角形螺纹和梯形螺纹轴是轴类零件加工中的一种典型中等难度零件，巩固这两种螺纹的加工，掌握内孔的加工。

一、图形及技术要求

根据图 7.6 所示图形及技术要求车削带孔、三角形螺纹和梯形螺纹轴。

二、加工工艺分析

（1）图形分析。图 7.6 所示为带孔、三角形螺纹和梯形螺纹轴，由外圆柱面、内孔、梯形螺纹、三角形螺纹、退刀槽所组成。主要加工面为梯形螺纹、内孔、$\phi25$ 外圆，且相互之间有圆跳动要求，在加工中要保证。

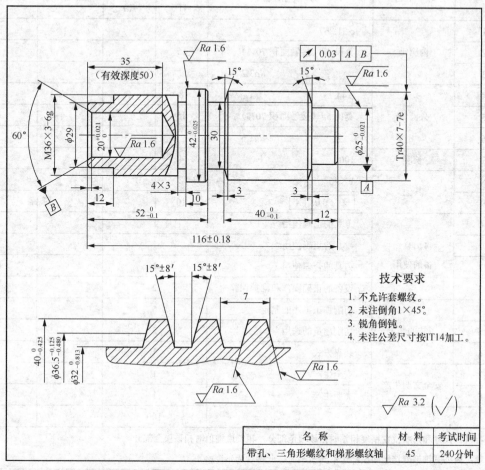

图 7.6　带孔、三角形螺纹和梯形螺纹轴

（2）选择毛坯。选择 45 热轧圆钢作为毛坯。

三、准备要求

（1）材料准备见表 7.21。

表 7.21　　　　　　　　　　　加工材料　　　　　　　　　　　（单位：mm）

名　称	规　格	数　量
45	$\phi45 \times 140$	1 根/学生

（2）设备准备见表 7.22。

表 7.22　　　　　　　　　　　加工设备

名　称	规　格	数　量
车床	C620 或 C6140	—

续表

名　称	规　格	数　量
卡盘扳手	相应车床	1 副/车
刀架扳手	相应车床	1 副/车

注：除上述型号的车床外，C610、C6132、C618、C6136 也可。

（3）工具、刃具、量具、辅具准备见表 7.23。

表 7.23　　　　　　　　　　加工工具、刃具、量具、辅助工具

序　号	名　称	型　号	数　量
1	45° 外圆车刀	自选	自定
2	90° 外圆车刀	自选	自定
3	盲孔车刀	$\phi20\times35$	自定
4	外梯形螺纹车刀	Tr40×7	自定
5	60° 锪钻	$\phi20$	自定
6	外三角形螺纹车刀	M36×3	自定
7	外沟槽刀	4×15	自定
8	车断刀	$\phi45$	自定
9	螺纹环规或三针及公法线千分尺	Tr40×7－7e	1 套
10	塞规或内径量表	$\phi20$H7 或 0.01/18～35	1 套
11	游标卡尺	0.02/0～150	1
12	外径千分尺	0.01/0～25　0.01/25～50	各 1
13	螺纹环规或螺纹千分尺	M36×3－6g 或 0.01/25～50	1 套
14	万能角度尺或螺纹样板	2′/0°～320°	1
15	中心钻及钻夹头	A3　$\phi1$～13	各 1
16	常用工具和铜皮	自选	自定

四、加工步骤

（1）识读零件图，并进行工艺分析，确定操作步骤。

（2）根据操作要求合理选择刀具、量具、工具等。

（3）根据材料，用三爪自定心卡盘夹持外圆毛坯$\phi45$，伸出长度 60mm 左右，找正夹紧。

（4）粗车左端面。

（5）粗车外圆$\phi42^{\ 0}_{-0.025}$、外圆$\phi36$，各留余量 2mm。

（6）钻孔至尺寸$\phi18$。

（7）调头装夹$\phi38$外圆，并紧贴外圆端面，找正夹紧。

（8）粗、精车右端面，控制总长 117mm。

（9）粗车外圆$\phi25^{\ 0}_{-0.021}$、外圆$\phi42^{\ 0}_{-0.025}$，留余量 1mm，梯形螺纹外圆车至$\phi41$。

（10）打中心孔 A2.5。

（11）一夹一顶装夹，精车梯形螺纹外圆至尺寸$\phi39.8$，退刀槽$\phi30$车至尺寸。

（12）梯形螺纹倒角。

（13）粗、精车梯形螺纹 Tr40×7 至尺寸要求。

（14）精车外圆$\phi25_{-0.021}^{0}$、外圆$\phi42_{-0.025}^{0}$至尺寸。

（15）倒角。

（16）调头夹持梯形螺纹部分，找正夹紧。

（17）精车左端面，保证总长 116±0.18mm。

（18）精车内孔至尺寸，倒 60°角，

（19）精车外圆$\phi29$，螺纹退刀槽 4×3 至尺寸要求，螺纹外圆车至$\phi35.8$。

（20）倒角，去锐边。

（21）粗、精车 M36×3 至尺寸要求。

（22）检查。

五、注意事项

（1）梯形螺纹的切削力比较大，必须有端面定位，以免在切削力的作用下引起轴向位移。

（2）内孔 60°角可利用小滑板加工，也可用 60°锪孔钻加工。

六、检测评分

检测评分表见表 7.24。

表 7.24　　　　　　　　　　检测评分表

序号	项 目	考核内容		配 分		检测结果	得分
				IT	Ra		
1	内孔	$\phi20H7$（$_{0}^{+0.021}$）	Ra1.6	8	4		
2		$\phi36_{-0.236}^{0}$		2			
3	外三角形螺纹	M36×3—6g	Ra1.6	8	6		
4		30°±8′		3			
5		$\phi40_{-0.425}^{0}$	Ra3.2	2	2		
6	外梯形螺纹	Tr40×7—7e	Ra1.6	8	6		
7		15°±8′		5			
8		牙底粗糙度	Ra3.2		2		
9		$\phi42_{-0.025}^{0}$	Ra1.6	4	2		
10	外圆	$\phi25_{-0.021}^{0}$	Ra1.6	4	2		
11		$\phi30$	Ra3.2	1	1		
12		$\phi29$	Ra3.2	1	1		
13		$40_{-0.10}^{0}$		2			
14	长度	$52_{-0.10}^{0}$		2			
15		116±0.18　10　12		2			
16	其他	1×45°　　3×15°		2			
17		↗	0.03	A—B	5		

续表

序号	项　目	考核内容	配　分		检测结果	得分
			IT	Ra		
18	工量刃具和设备的使用	工具的正确使用	1			
19		量具的正确使用	1			
20		刃具的合理使用	1			
21		设备的正确操作和维护保养	2			
22	工艺的制定	切削加工工序的制定	5			
23		切削用量的选用	2			
24		装夹方式	1			
25	安全文明生产	安全生产	1			
26		文明生产	1			
合　计			100			

评分标准：尺寸和形状位置精度超差时扣该项全部分，粗糙度增值时扣该项全部分。

否定项：Tr40×7－7e 中径和 M36×3－6g 中径都超差时，此件视为不合格。

评分人：　　　年　月　日　　　　　　　核分人：　　　年　月　日

课题七二　车削圆锥、圆弧、梯形螺纹轴

零件为圆锥、圆弧、梯形螺纹加工的综合件，加工时应充分考虑到各部分的技术要求，采用一夹一项的安装方法，注意安装精度。

一、图形及技术要求

根据图 7.7 所示图形及技术要求车削圆锥、圆弧、梯形螺纹轴。

二、加工工艺分析

（1）图形分析。图 7.7 所示为圆锥、圆弧、梯形螺纹轴。由外圆柱面、梯形螺纹、圆锥面、圆弧、退刀槽组成。主要加工面为 $\phi20$ 和圆锥面，有较高的圆跳动要求。由于加工圆锥面时不能用一夹一项加工，因此只能通过梯形螺纹的外圆装夹来保证圆跳动要求后，再加工圆锥。

（2）选择毛坯。选择 45 热轧圆钢作为毛坯。

三、准备要求

（1）材料准备见表 7.25。

表 7.25　　　　　　　　　　加工材料　　　　　　　　　　（单位：mm）

名　称	规　格	数　量
45	$\phi52×205$	1 根/学生

（2）设备准备见表 7.26。

表 7.26   加工设备

名　　称	规　　格	数　　量
车床	C620 或 C6140	自定
卡盘扳手	相应车床	1 副/车
刀架扳手	相应车床	1 副/车

注：可根据生产实际选择其他型号车床。

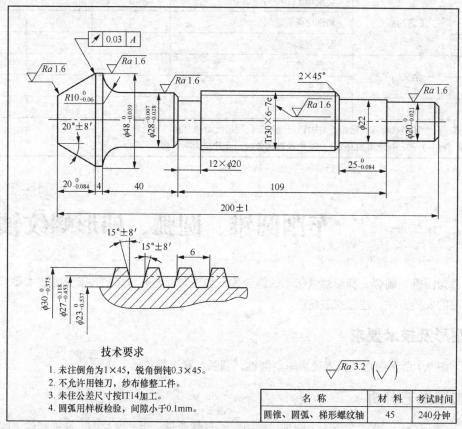

技术要求

1. 未注倒角为 1×45°，锐角倒钝0.3×45°。
2. 不允许用锉刀，纱布修整工件。
3. 未住公差尺寸按IT14加工。
4. 圆弧用样板检验，间隙小于0.1mm。

名　　称	材　料	考试时间
圆锥、圆弧、梯形螺纹轴	45	240分钟

图 7.7　圆锥、圆弧、梯形螺纹轴

（3）工具、刃具、量具、辅具准备见表 7.27。

表 7.27   加工工具、刃具、量具、辅助工具

序　号	名　　称	型　　号	数　　量
1	45°外圆车刀	相应车床	自定
2	90°外圆车刀	相应车床	自定
3	车断刀	φ50	自定
4	外沟槽刀	5×10	自定
5	外圆头车刀	R10	自定

续表

序　号	名　　称	型　号	数　量
6	外梯形螺纹车刀	Tr30×6	自定
7	外圆锥车刀	相应车床	自定
8	中心钻及钻夹头	A3 ϕ1～ϕ13	各1
9	外径千分尺	0.01/0～25　0.01/25～50	各1
10	三针及公法线千分尺或螺纹环规	Tr30×6－7e	1套
11	游标卡尺	0.02/0～200	1
12	万能角度尺	2′/0°～320°	1
13	铜皮	—	1
14	常用工具	相应车床	自定
15	半径规	R7～14.5	1套

四、加工步骤

（1）识读零件图，并进行工艺分析，确定操作步骤。

（2）根据操作要求合理选择刀具、量具、工具等。

（3）根据材料，用三爪自定心卡盘夹持外圆毛坯ϕ52，伸出长度20mm左右，找正夹紧。

（4）粗车右端面。

（5）粗车毛坯外圆ϕ52，车至ϕ45×10。

（6）调头装夹毛坯外圆ϕ52，粗、精车端面。控制总长在201mm。

（7）打中心孔A2。

（8）夹持ϕ45×10外圆，一夹一顶装夹，找正夹紧。

（9）粗、精车外圆ϕ20$_{-0.021}^{0}$、外圆ϕ22、外圆ϕ28$_{-0.028}^{-0.007}$、外圆ϕ48$_{-0.039}^{0}$，车至尺寸要求。

（10）精车R10、梯形螺纹退刀槽ϕ20×12，车至尺寸要求。

（11）梯形螺纹外圆车至ϕ30，至尺寸要求。

（12）倒角，去锐边。

（13）粗、精车Tr30×6至尺寸要求。

（14）包铜皮调头装夹梯形螺纹外圆，找正夹紧。

（15）精车端面，保证总长200±1mm。

（16）粗、精车锥度至尺寸要求。

（17）检查。

五、注意事项

（1）装夹梯形螺纹时，用百分表接触ϕ48外圆，控制跳动量。

（2）圆弧可采用成形刀车削。

六、检测评分

检测评分表见表7.28。

表 7.28 　　　　　　　　　　检测评分表

序号	项　目	考　核　内　容		配　分		检测结果	得分
				IT	Ra		
1	外梯形螺纹	$\phi 30_{-0.375}^{0}$	Ra3.2	4	2		
2		$\phi 27_{-0.453}^{-0.118}$	Ra1.6	10	8		
3		$15° \pm 8'$		5			
4		牙底粗糙度 Ra3.2			2		
5	圆锥	$\lhd 20° \pm 8'$	Ra1.6	10	4		
6		$\phi 48_{-0.039}^{0}$		4			
7		$20_{-0.084}^{0}$		2			
8	圆弧	$R10_{-0.15}^{0}$（间隙小于 0.1mm）	Ra3.2	4	2		
9	外圆	$\phi 28_{-0.028}^{-0.007}$	Ra1.6	4	2		
10		$\phi 20_{-0.021}^{0}$	Ra1.6	4	2		
11		$\phi 20$	Ra3.2	1	1		
12		$\phi 22$	Ra3.2	1	1		
13	长度	$25_{-0.084}^{0}$		4			
14		109　40　200 ± 1		1			
15	其他	$2 \times 45°1 \times 45°$		2			
16		↗ 0.03 A		5			
17	工量刃具和设备的使用	工具的正确使用		1			
18		量具的正确使用		1			
19		刃具的合理使用		1			
20		设备的正确操作和维护保养		2			
21	工艺的制定	切削加工工序的制定		5			
22		切削用量的选用		2			
23		装夹方式		1			
24	安全文明生产	安全生产		1			
25		文明生产		1			
合　计				100			

评分标准：尺寸和形状位置精度超差时扣该项全部分，粗糙度增值时扣该项全部分。

否定项：$\lhd 20° \pm 8'$ 超差至 $\lhd 20° \pm 10'$ 和 Tr30×6—7e 中径超差时，此件视为不合格。

评分人：　　　　年　月　日　　　　　　核分人：　　　　年　月　日

课题八 车削偏心、螺母套

　　偏心件的加工属于中级车工应掌握的操作技能，通过对偏心螺母套的加工，巩固偏心件的装夹与调整方法，从而提高对零件的校正水平。

一、图形及技术要求

根据图 7.8 所示图形及技术要求车削偏心、螺母套。

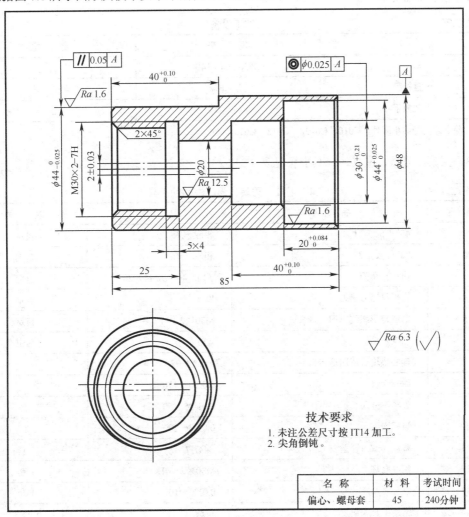

技术要求
1. 未注公差尺寸按 IT14 加工。
2. 尖角倒钝。

名　称	材　料	考试时间
偏心、螺母套	45	240分钟

图 7.8　偏心、螺母套

二、加工工艺分析

（1）图形分析。图 7.8 所示为偏心、螺母套。它由外圆柱面、内三角形螺纹、内孔、退刀槽、内外偏心组成。主要加工面为 $\phi48$ 外圆和内孔 $\phi44^{+0.025}_{0}$，形成了薄壁。在偏心部分的车削中要防止薄壁的装夹变形。偏心部分采用三爪自定心卡盘垫偏心垫片进行车削，同轴度要求可采用一次装夹保证。

（2）选择毛坯。选择 45 热轧圆钢作为毛坯。

三、准备要求

（1）材料准备见表 7.29。

表 7.29   加工材料   （单位：mm）

名 称	规 格	数 量
45	$\phi55\times90$	1 根/学生

（2）设备准备见表 7.30。

表 7.30   加工设备

名 称	规 格	数 量
车床	C620 或 C6140	自定
卡盘扳手	相应车床	1 副/车
刀架扳手	相应车床	1 副/车

注：除上述型号的车床外，C610、C6132、C618、C6136 也可。

（3）工具、刃具、量具、辅具准备见表 7.31。

表 7.31   加工工具、刃具、量具、辅助工具

序 号	名 称	型 号	数 量
1	45°外圆车刀	相应车床	自定
2	90°外圆车刀	相应车床	自定
3	内盲孔车刀	$\phi30\times40$ $\phi44\times20$	自定
4	内螺纹退刀槽刀	宽 5	自定
5	内三角形螺纹车刀	M30×2	自定
6	钻头及钻套	$\phi20$	自定
7	偏心垫块（或四爪卡盘）	$e=2\pm0.02$	1
8	游标卡尺	0.02/0～150	1
9	外径千分尺	0.01/25～50	1
10	游标深度尺	0.02/0～200	1
11	塞规（或内径量表）	$\phi44$H7	1 套
12	螺纹塞规	M30×2－7H	1 套
13	百分表及座	0.01/0～10	1 套
14	常用工具和铜皮	自选	自定

四、加工步骤

（1）识读零件图，并进行工艺分析，确定操作步骤。

（2）根据操作要求合理选择刀具、量具、工具等。

（3）根据材料，用三爪自定心卡盘夹持外圆毛坯 $\phi55$，伸出长度 55mm 左右，找正夹紧。

（4）粗车左端面。

（5）粗车外圆 $\phi44_{-0.025}^{\ 0}$，车至尺寸 $\phi50$。

（6）钻孔至尺寸 $\phi14\times50$。螺纹内孔粗车至 $\phi22\times24$。

（7）调头夹持 $\phi50$ 外圆，伸出长度 60mm 左右。

（8）粗、精车右端面，控制总长 86mm 左右。

（9）粗车外圆 $\phi 48$，车至 $\phi 50$。

（10）钻孔至 $\phi 28$，

（11）精车内孔 $\phi 30_{0}^{+0.21}$、内孔 $\phi 44_{0}^{+0.025}$、外圆 $\phi 48$ 至尺寸要求。

（12）去锐边。

（13）调头夹持 $\phi 48$，夹持长度 40mm 左右。安放偏心垫片，找正夹紧。

（14）精车左端面，保证总长 85mm。

（15）精车偏心外圆 $\phi 44$、偏心内孔 $\phi 20$，车至尺寸。

（16）精车偏心螺纹孔至尺寸 $\phi 27.8$。内螺纹退刀槽 5×4 车至尺寸要求，倒角。

（17）粗、精车内螺纹 M30×2 至尺寸要求。

（18）检查。

五、注意事项

（1）右端夹持时注意装夹变形。

（2）偏心垫片的厚度为 3.5mm，并进行修正。

（3）偏心部分注意外圆的余量留放。

六、检测评分

检测评分表见表 7.32。

表 7.32　　　　　　　　　　　　检测评分表

序号	项　目	考核内容		配　分		检测结果	得分
				IT	Ra		
1	内螺纹	M30×2−7H	Ra3.2	12	4		
2		$\phi 27.9_{0}^{+0.236}$		2			
3	内孔	$\phi 44_{0}^{+0.025}$	Ra1.6	10	8		
4		$\phi 30_{0}^{+0.21}$	Ra3.2	6	4		
5	外圆	$\phi 44_{-0.025}^{0}$	Ra1.6	6	2		
6		$\phi 48$	Ra3.2	1	1		
7	长度	$40_{0}^{+0.10}$ （两处）		2			
8	长度	$20_{0}^{+0.084}$		2			
9		25　85		2			
10	偏心	e=2±0.02		10			
11		2×45°		1			
12	其他	◎ $\phi 0.025$ A		4			
13		∥ 0.05 A		8			

续表

序号	项　目	考 核 内 容	配　分		检 测 结 果	得分
			IT	Ra		
14	工量刃具和设备的使用	工具的正确使用	1			
15		量具的正确使用	1			
16		刃具的合理使用	1			
17		设备的正确操作和维护保养	2			
18	工艺的制定	切削加工工序的制定	5			
19		切削用量的选用	2			
20		装夹方式	1			
21	安全文明生产	安全生产	1			
22		文明生产	1			
合　计			100			

评分标准：尺寸和形状位置精度超差时扣该项全部分，粗糙度增值时扣该项全部分。

否 定 项：偏心距超差至 2 ± 0.1 以上和 M30×2－7H 中径超差时，此件视为不合格。

评分人：　　　　年　月　日　　　　核分人：　　　　年　月　日

模块总结

　　本模块主要是考核学生掌握专业操作技能的能力，在具体的综合训练中，把我们所学的单项技能进行组合，使学生不仅提高了操作技能，同时也提高了对零件加工工艺的分析能力。